KB165567

46억년의 생존

CHIKYU KANKYO 46 OKU-NEN NO DAIHENDOSHI by Eiichi Tajika
Copyright ⓒ Eiichi Tajika, 2009
All rights reserved.
Original Japanese edition published by Kagaku-Dojin Publishing Company, Inc.

This Korean language edition is published by arrangement with
Kagaku-Dojin Publishing Company, Inc., Kyoto
in care of Tuttle-Mori Agency, Inc., Tokyo through BC Agency, Seoul.

지구환경 진화의 장구한 미스터리

46억년의 생존

다지카 에이이치 지음 | 김규태 옮김

Survival of 4.6 billion years

글항아리

(억 년 전)

45.5 40 35 30 25 20 15 10 5

하데스대 (冥王代) **시생대 (始生代)** **원생대 (原生代)** **현생대 (顯生代)**

지구 탄생

가장 오래된 지르콘 암석(44)
가장 오래된 충돌자국(隕石孔) (42.8)
후카시마 편마암 (40.31)
가장 오래된 퇴적지각(40)
후기 암석 충돌기 종료~(39)
가장 오래된 편마암, 가장 오래된 최초 생명의 증거 (그린란드) (38)

가장 오래된 초대륙 형성기 (그린란드 누비아크) (34.2)

후기 대원생대
전기 대원생대

해양 산소농도의 급격 상승하기의 출현 (24.5)
휴런 빙하 (그린란드) (22.2)
로만드 빙하 (22.2 ~ 20.6)
가장 오래된 진핵생물 화석 그립코니아 스피랄리스 (19)

스노우볼 지구환경 출현 (25~20)

캄브리아 폭발 (5)
가장 오래된 양치 식물 화석 (4.75)
판게아 초대륙 형성 양치 식물의 대번영 (3.3)

현생대(顯生代)
- 신생대 제4기 빙하시대
- 후기 누대 빙하시대
- 가신기열 빙하시대
- 에디아카라기 빙하시대
- 크리오기아 빙하시대

엘리스미어 화석 종대무기 (5.8)
가장 오래된 다세포생물 화석 (6.325)

고생대 (古生代) **중생대 (中生代)** **신생대 (新生代)**

5.42
2.5
0.65

공룡 멸종 (0.65)
신인류 (0.0001)

* ( )안은 현재부터 억 년 전

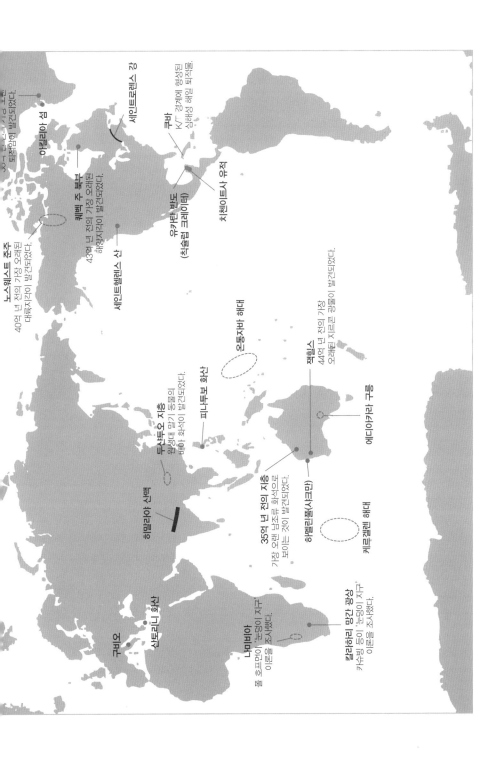

노스웨스트 준주
40억 년 전의 가장 오래된
대륙지각이 발견되었다.

아킬리아 섬
38억 년 전의 가장 오래된
퇴적암이 발견되었다.

세인트로렌스 강

쿠바
K/T 경계에 형성된
심해성 해일 퇴적물

유카탄 반도
(칙슐럽 크레이터)

칙첸이트사 유적

퀘벡 주 북부
43억 년 전의 가장 오래된
해양지각이 발견되었다.

세인트헬렌스 산

온통자바 해대

잭힐스
44억 년 전의 가장
오래된 지르콘 광물이 발견되었다.

에디아카라 구릉

두샨퉈 지층
인산대 암기 동물이
배아 화석이 발견되었다.

피나투보 화산

히말라야 산맥

하멜린풀(샤크만)

35억 년 전의 지층
가장 오래된 남조류 화석으로
보이는 것이 발견되었다.

케르겔렌 해대

구에오

산토리니 화산

나미비아
폴 호프먼이 '눈덩이 지구'
이론을 조사했다.

칼라하리 망간 광상
카쓰빙 등이 '눈덩이 지구'
이론을 조사했다.

오늘날처럼 지구환경에 대한 관심이 높은 때가 있었을까? 인간이 화석연료를 대량으로 소비하면서 대기 중으로 많은 이산화탄소가 방출되었다. 그로 인해 닥친 지구온난화에 대한 대비책을 마련하는 일은 우리에게 피할 수 없는 과제가 되었다. 문제는 날씨가 조금 따뜻해지는 정도에 그치지 않는다는 데 있다. 전문가들은 온난화가 진행되면서 지구환경에 다양한 변화가 일어날 것으로 예측한다. 이를테면 해수면이 상승하고 대형 태풍이 발생하며 집중호우가 증가하고 극지방의 빙하가 녹아 없어지는 것 등의 변화이다. 생태계에 미칠 영향 또한 우려되는 상황이다.

이제 지구온난화는 눈앞의 현실로 다가왔으며 국제정치와 경제계에서는 대책 마련에 애쓰고 있다. 실제로 지구온난화 문제에 대한 관심은 이산화탄소의 배출량을 줄이거나 배출권의 국제거래, 배출을 억제하기 위한 '친환경 기술'의 개발이나 생활양식의 변화에 집중되고 있는 듯하다. 이산화탄소의 배출량을 줄인다는 것이 경제활동에 미치는 영향이 크고, 이산화탄소를 조금이라도 적게 배출하려는 노력은 일반 시민인 우리도 조금만 신경 쓰면 할 수 있다. 그래서 이산화탄소에 대한 관심이 높은 것도 당연하다. 그러나 이산화탄소 배출량을 줄이는 것만으로 충분하거나 안심할수 있는 것은 아니다. 그 이유는 당장 이산화탄소 배출량을 줄여도 인류가계속해서 이산화탄소를 내뿜는 한 이산화탄소 농도는 계속 짙어져 지구온난화를 피할 수 없기 때문이다. 우리가 할 수 있는 일은 온난화의 진행 속도를 가능한 한 늦추고 그 영향을 최소화하는 것이다.

여기에서 한 가지 큰 문제점은 지구온난화로 일어날 상황, 다시 말해서온난화 때문에 앞으로 일어날 수 있는 일에 대해서 전문가조차 아는 것이없다는 사실이다. '기후변동에 관한 정부 간 패널IPCC, Intergovernmental Panel on Climate Change'의 평가 보고서는 지금 시점에서 앞으로 예상되는온난화의 영향을 정리한 것이다. 보고서를 보면 온실가스의 배출 시나리오는 인간의 활동에 따라 크게 차이가 있지만 대기 중의 이산화탄소가 계속해서 늘어나면서 이번 세기 말이 되면 지구의 평균기온이 약 1.1~6.4도(이 책에 언급되는 기온과 온도는 모두 섭씨온도이며 '섭씨'를 별도로 표기하지 않았다-편집자) 상승하고 해수면의 높이가 18~59센티미터 상승한다고 한다. 그러나 이 예상은 지금 시점에서 우리가 알고 있는 지식에 근거한 예측일뿐이다. 우리가 아직 모르는, 즉 온난화가 본격적으로 시작되고서야 비로소 나타나는 미지의 요인까지 고려한 것은 아니다.

온난화가 이대로 진행되면 남극이나 그린란드의 빙하가 갑자기 대규모로 녹을지도 모른다. 만약 그렇게 되면 해수면은 수십 센티미터가 아니라 수 미터 혹은 수십 미터 이상 높아질 가능성도 있다. 온난화로 시베리아나 알래스카 같은 영구동토 지역과 해저에 고압과 저온으로 잠자고 있는 메탄 하이드레이트methane hydrate가 불안정해져서 용해될지도 모른다. 그렇게 되면 이산화탄소의 스무 배에 달하는 온실효과를 내는 메탄가스가 대기에 방출되어 지구온난화가 가속화될 수도 있다. 나아가 지구 표층의 '열기관' 역할을 하는 해양의 대순환이 정체되어 기후가 극단적으로 변할 가능성도 있다. 전문가들은 사실 이러한 현상이 과거 지구에서 실제로 발생한 적이 있다고 보고 있다.

어쩌면 이러한 현상은 아주 먼 미래에 일어날 수도 있다. 그러나 어찌 됐건 지금처럼 계속해서 이산화탄소를 배출할 때 발생될 문제를 해결하려면 지금의 지구를 이해하는 것만으로는 부족하다.

지구는 오랜 역사 속에서 온난화와 한랭화를 여러 번 경험했다. 다시 말해서 지구가 현재보다 훨씬 따뜻했던 때도 있었다는 말이다. 온난기의 지구는 과연 어떤 모습이었을까? 지구가 실제로 경험한 온난화나 다양한 기후변동을 이해한다면 지구환경의 미래를 예측하는 데에 도움이 될 것이다. 과거에서 현재에 이르는 지구환경의 변동사를 이해함으로써 현재의 지구가 처한 상황을 상대화하고 이를 좀더 객관적으로 볼 수 있다. 이러한 지식이나 시각이 끊임없이 변화하는 지구환경을 이해하는 데 중요한 실마리가 될 것이다.

한편 46억 년이라는 지구의 오랜 역사에서, 바다가 늘 존재했다. 그리고 생명은 40억 년여에 걸쳐 진화해온 것으로 추정된다. 이는 지구환경이 장기적으로 안정된 상태를 유지해왔다는 사실을 말해준다. 아주 먼 옛날에는 화성이나 금성에도 바다가 존재했을 가능성이 있지만 적어도 현재는 액체 상태의 물이 존재할 수 없는 환경이다. 이러한 것들을 생각하면 지구가 안정된 상태를 유지해왔다는 점은 지구환경을 이해하는 데 중요하다. 지구가 생명이 살아 숨 쉬는 행성이라는 사실은 지구환경이 장기적으로 안정된 상태를 유지해온 결과라고도 볼 수 있기 때문이다. 그렇다면 지구와 화성, 금성의 환경이 서로 달라진 이유는 무엇일까? 지구환경은 어떻게 장기적으로 안정한 상태를 유지해왔을까?

이 책은 지구가 탄생한 이래 대기와 해양이 어떻게 변화해왔는지를 중심으로 지구가 지금까지 경험해온 다양한 기후변동에 관한 최신 연구 성과와 정보를 소개한다. 이를 통해 지구환경의 본질이 '변동'이라는 점 그리고 다른 한편으로 생명을 키울 수 있는 온난 습윤한 환경이 장기간에 걸쳐 '안정'한 상태를 유지해왔다는 점과 그 이유를 알아본다.

46억 년에 이르는 지구 역사에서 단순히 온난화나 한랭화가 반복되기만 한 것이 아니라 해수가 모두 증발해버리거나 지구 전체가 얼음에 뒤덮이거나 대규모의 화산이 폭발하는 등 여러 가지 일이 일어났다. 또한 대기 중의 산소 농도가 크게 변하거나 소행성이 충돌한 적도 있었다. 즉 우리가 알고 있는 현재와 같은 지구환경이 계속 유지되지는 않았다는 것이다. 지구 역사를 깊이 알면 알수록 놀랍지 않은가?

이 책을 통해 지구환경의 과거를 살펴보고 현재에 대한 이해를 넓혀 미래의 지구환경에 대해 생각하는 기회가 되기를 바라 마지않는다.

제8장 | **그리고 현재의 지구환경**

| 제1장 |

생명이 살아 숨 쉬는 행성

1. 기적의 행성, 지구

흔히 지구를 '기적의 행성'이라고 한다. 이는 행성들 가운데 오직 지구에만 생명체가 존재하기 때문이다. 지구에 생명체가 존재할 수 있는 것은 온난 습윤하며 안정적인 환경 때문이다. 그런데 어째서 지구환경은 온난 습윤하고 안정적일까? 우리가 당연하게 생각하는 이러한 사실이 어쩌면 매우 불가사의한 것일 수도 있다. 도대체 지구의 어떤 점이, 어떻게 기적의 행성으로 만든 것일까? 이것을 알고 싶다면 지구환경을 다양한 관점에서 이해해야 한다.

지구와 닮은 행성들

지구환경의 특징을 이해하기 위한 출발점은 다른 행성의 환경과 비교해 보는 것이다.

[그림 1-1] 태양계의 행성

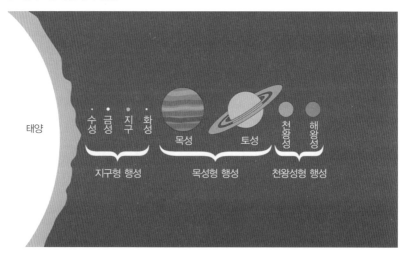

지구는 태양계 행성 가운데 하나이다. 지구를 깊이 이해하려면 이를 상대화하는 관점이 필요하다. 이런 관점을 '비교행성학comparative planetology'적인 관점이라고 한다. 거울에 비친 자기 모습만 들여다본다면 자신의 특징을 이해하기 어려울 것이다. 타인과 비교해봐야 비로소 자신의 특징을 알수 있다. 이처럼 무엇이건 자신을 상대화하는 관점은 굉장히 중요하다.

다만 태양계의 행성들은 그 종류가 다양하므로 환경이 전혀 다른 행성과 비교하는 것은 아무런 의미가 없다. 비슷한 종류의 행성끼리 비교해야한다. 지구는 주로 암석과 철로 이루어져 있다. 그런 점에서 수성이나 금성, 화성은 지구와 비슷해 '지구형 행성'이라고 한다.

한편 목성이나 토성은 주로 수소와 헬륨 등의 가스로 이루어져 있어 '목성형 행성(거대 가스 행성)'이라 불린다. 그리고 천왕성과 해왕성은 얼음으로 이루어져 있어 '천왕성형 행성(거대 얼음 행성)'이라 불린다. 이러한 차이

──────────────── 제1장 생명이 살아 숨 쉬는 행성

는 행성이 형성될 당시 태양과 행성 사이의 거리와 형성 과정의 차이에서 비롯된다(그림 1-1).

아울러 2006년 국제천문연맹IAU, International Astronomical Union은 '행성의 정의'에 대한 결론을 내리면서 명왕성을 '행성'이 아닌 '왜행성dwarf planet'으로 새로 분류해 커다란 화제를 불러일으켰다. 사실 명왕성은 달보다도 작다. 또한 해왕성 궤도 바깥쪽의 태양계 외연부에는 수많은 작은 천체들이 존재한다는 사실이 밝혀졌는데, 그중에는 명왕성보다 큰 천체도 있다. 명왕성과 궤도가 흡사한 천체들이 여러 개 발견되면서 명왕성은 그들 천체와 같은 그룹에 속한다는 사실이 분명해졌다. 그런 까닭에 명왕성은 '태양계 외연 천체' 가운데 한 그룹인 '명왕성형 천체'의 대표로 분류되었다. 이러한 국제천문연맹의 결정에 조금 서운해하는 이들도 있겠지만 과학적으로 매우 자연스러운 결론이다. 지금까지 알려지지 않은 새로운 관측 사실들이 축적되어 태양계의 더욱 진실한 모습을 이해할 수 있게 된 것이다.

지구형 행성의 환경

그러면 이제 지구를 포함한 지구형 행성들의 환경을 비교해보자. 다만, 수성에는 일반적인 의미에서의 대기가 존재하지 않는다. 수성은 태양과 너무 가까워서 태양의 강한 빛과 태양에서 날아오는 입자인 태양풍, 미세한 운석 등이 수성의 지표면에 충돌한다. 이러한 충돌로 증발한 나트륨이나 칼륨 등이 수성의 아주 옅은 대기(압력은 10~12기압)를 형성하고 있을 뿐이다. 따라서 금성과 지구, 화성 등 세 행성의 환경을 비교해보자(표 1-1).

먼저 대기의 양을 살펴보자. 지구 대기의 양을 기압으로 환산하면 1기압에 상당한다. 정확하게는 해수면에서의 평균적인 기압이며 높이 올라갈수록 이보다 낮아진다. 또한 기압은 수시로 '저기압'과 '고기압' 사이를 왔다 갔다 한다. 이에 반해 금성의 대기는 95기압이나 된다. 이는 지구로 말하자면 약 1000미터 깊이의 심해에 상당하는 기압이다. 금성은 지구보다 대기층이 상당히 두껍다. 한편 화성의 대기압은 평균 0.006기압밖에 되지 않는다. 지구로 말하자면 약 35킬로미터 상공의 기압에 해당된다. 화성의 대기는 지구보다 상당히 얇다. 게다가 화성의 겨울에는 대기 중의 이산화탄소가 응결해 드라이아이스로 이루어진 극관을 형성하기 때문에 화성의 대기압은 계절에 따라 25퍼센트나 변동한다.

다음으로 대기를 구성하는 성분을 비교해보자. 지구 대기의 주성분은 질소와 산소다. 질소가 약 78퍼센트, 산소가 약 21퍼센트를 차지한다. 우리 인간을 포함해 많은 생명체가 대기 중의 산소를 이용해 대사(호흡)작용을 하고 에너지를 얻는다. 산소 다음으로 많은 것은 아르곤으로 약 1퍼센트를 차지한다. 아르곤은 '희유기체 rare gas' 원소 가운데 하나로 반응성이 매우 낮은 비활성 가스 inert gas이다.

지구 대기에 네 번째로 많은 성분은 최근 관심의 초점인 이산화탄소이다. 그러나 그 양은 불과 0.00038기압, 다시 말해 약 380ppm이다. 이는 화성의 대기압보다도 한 자릿수가 낮은 것이다. 지구 대기의 약 0.038퍼센트밖에 차지하지 않는다는 것은 극히 미량임을 의미한다. 그런데 이 미량

[표 1-1] 대기가 있는 지구형 행성(지구, 금성, 화성)의 표층 환경 비교

	지구(현재)	지구*	금성	화성
대기의 구성(체적 %)				
N_2	78.084	1.0	3.5	2.7
O_2	20.946	–	–	–
Ar	0.934	0.01	0.007	1.6
CO_2	0.038	99.0	96.5	95.3
대기압(기압)	1	~80	95	0.006
행성 알베도	0.3	>0.3	0.77	0.15
유효 온도(℃)	−18	−18	−46	−56
전 행성 평균온도(℃)	15	~200	460	−53
물의 존재량	270기압 상당	270기압 상당	극미량	(불명)
물의 존재 형태	해양	해양 · 수증기	수증기	극관 · 영구 동토

*현재의 지구 대기에서 생물이 만들어낸 산소(O_2)를 제외하고 퇴적암 속의 탄소를 이산화탄소(CO_2)에 포함한 것.

의 이산화탄소가 지구온난화의 주범으로 지구환경에 커다란 영향을 미치고 있다는 점을 생각하면 놀랍지 않을 수 없다.

아울러 대기에는 장소에 따라 몇 퍼센트의 수증기를 함유하고 있다. 수증기는 매우 강력한 온실효과가 있다. 그러나 해수나 지표의 온도 차이 때문에 물이 증발해 만들어지는 수증기는 계절이나 장소에 따라 그 양이 크게 다르다. 그래서 다른 성분과는 근본적으로 차이가 있다는 점에 주의해야 한다.

이어서 금성과 화성의 대기 구성을 살펴보자. 표 1-1을 보면 금성과 화성의 대기 구성이 매우 비슷하다는 것을 알 수 있다. 즉 양쪽 모두 대기의 95퍼센트 이상이 이산화탄소이고 그다음이 질소와 아르곤이다. 지구 대

기의 주성분인 산소는 금성이나 화성의 대기에는 전혀 존재하지 않는다. 금성과 화성은 대기압이 1만 배 이상 차이가 남에도 대기의 구성은 상당히 유사하다.

지구의 대기는 이질적이다

그렇게 생각하면 지구의 대기 구성은 지구형 행성 중에서도 이질적이라는 것을 알 수 있다. 지구는 금성이나 화성과 같은 시기에 비슷한 물질로 같은 과정을 거쳐 형성된 것이므로 원래는 대기 구성도 같아야 한다. 실제로는 재료 물질이 조금 다를 가능성도 있지만 지구를 사이에 두고 금성과 화성의 대기 구성이 같다는 사실은 지구도 두 행성과 비슷한 물질로 이루어졌다고 생각하는 것이 자연스럽다. 그렇다면 지구의 대기만 이질적이라는 사실이 의미하는 바는 무엇일까?

사실 지구 표층에는 다른 형태로 바뀐 이산화탄소가 대량으로 존재한다. 이 말을 들으면 우리가 연료로 사용하는 석유와 석탄이 떠오를 것이다. 이것들을 태우면 이산화탄소가 나오는데, 원래 석유나 석탄은 대기와 해수 중의 이산화탄소가 생물에 의해 고정되어 오랜 시간이 흐르면서 그 모양이 바뀐 것이다. 그래서 석유나 석탄을 화석연료라고 부른다. 그러나 이번 세기 중에 인간이 화석연료 대부분을 사용해버릴 수도 있다고 걱정할 정도로 그 총량은 많지 않다.

이산화탄소는 화석연료보다는 주로 '탄산염 광물carbonate mineral'이나

'케로겐kerogen'의 형태로 퇴적암에 대량으로 함유되어 있다. 그 총량은 대기 중에 있는 이산화탄소의 10만~27만 배, 기압으로 보면 40~80기압에 상당하는 막대한 양이다. 이 이산화탄소 전체가 대기로 방출된다고 가정하면 지구 대기는 그 구성이나 양에서 금성과 거의 같아진다(표 1-1).

여기에서 탄산염 광물이란 탄산칼슘 등 탄소를 함유한 광물을 말한다. 석탄암도 탄산염 광물로 이루어져 있다. 또한 케로겐이란 퇴적물에 묻힌 생물의 사체, 즉 유기물이나 유기탄소화합물이 오랜 세월 동안 열과 압력의 영향으로 고분자화한 것이다. 그래서 탄산염 광물은 '무기 탄소', 케로겐은 '유기 탄소'라 불리기도 한다.

기적의 행성, 지구

앞서 언급했듯이 금성과 화성의 대기에는 지구 대기의 주성분 가운데 하나인 산소가 거의 존재하지 않는다. 산소는 생물의 광합성 작용으로 만들어진다. 바꿔 말하면 광합성을 하는 생물이 탄생하기 이전의 지구 대기에는 산소가 없었다는 뜻이다. 따라서 지구가 형성된 초기의 대기는 아마도 이산화탄소가 주성분인 금성의 대기와 매우 비슷했을 가능성이 높다(표 1-1).

즉 지구형 행성의 대기는 적어도 초기에는 모두 이산화탄소가 주성분이었을 것이다. 46억 년여에 걸친 지구의 진화 과정에서 대기의 구성 성분과 그 양이 크게 변한 것으로 보인다.

나아가 지구환경의 또 다른 큰 특징은 지표면의 평균온도가 15도이고 액체 상태의 물이 존재할 수 있다는 점이다. 이것은 매우 중요하다. 생명체가 존재하려면 액체 상태의 물이 반드시 필요하기 때문이다. 물의 대부분은 바다에 존재한다. 바닷물을 전부 증발시키면 대기압이 270기압에 달할 정도로 물의 양은 많다.

한편 금성의 평균온도는 약 460도로 매우 높다. 이는 대기에 존재하는 95기압이나 되는 이산화탄소의 강력한 온실효과 때문이다. 이러한 고온에서는 당연히 액체 상태의 물이 존재할 수 없다. 그래서 금성 표면에는 바다는커녕 대기 중의 수증기도 지극히 미미한 양밖에 존재하지 않는다.

반대로 화성의 평균온도는 영하 53도쯤 된다. 이는 화성이 지구보다 태양에서 훨씬 먼 궤도를 돌고 있는 데다 대기가 매우 엷어 온실효과가 크지 않기 때문이다. 화성에도 옛날에는 액체 상태의 물이 존재했다는 지형적인 증거가 여러 곳에서 나타나지만, 적어도 현재의 화성에서는 액체 상태의 물이 안정적으로 존재할 수 없다. 오늘날 화성에서 물은 극관이나 영구동토 내에 존재하는 것으로 알려져 있는데, 총량이 어느 정도인지는 확실히 밝혀지지 않았다.

이처럼 같은 지구형 행성이라도 금성과 지구, 화성의 표층 환경은 크게 다르다. 이들 세 행성의 대기는 탄생할 당시에는 비슷했을지도 모른다. 그러나 46억 년이라는 오랜 시간이 흐르는 동안 대기의 구성과 표층의 환경은 서로 다른 진화의 길을 걸어왔다.

이렇게 지구를 상대화해서 보면 평소 우리가 당연시하던 지구환경이 얼마나 특별한 것인지 알 수 있다. 아울러 지구가 기적의 행성이며 생명체가 생존할 수 있는 행성이라는 사실을 진정한 의미에서 이해하려면, 현재 지구의 모습뿐 아니라 지구가 탄생한 이래 시간이 흐르면서 환경이 어떻게 변모해왔는지 살펴볼 필요가 있다.

2. 온실효과란?

태양복사와 지구복사의 균형

지구라는 행성의 환경은 어떻게 형성되었을까? 이 근원적인 문제를 고찰하려면 먼저 지표면에서 에너지가 어떤 식으로 출입하는지 살펴봐야 한다.

지구 표면은 태양 복사열로 따뜻해지는데 이것을 태양복사라고 한다. 따뜻해진 지표면에서는 열(적외선)이 방출되는데, 이것을 지구복사라고 한다. 태양이 방출하는 에너지는 거리의 제곱에 반비례해 작아지므로 태양에서 먼 궤도를 도는 행성일수록 태양복사 에너지는 줄어든다.

태양복사와 지구복사는 기본적으로 균형을 이루고 있다. 예를 들어 지표면에 닿는 태양복사 에너지가 지구복사 에너지보다 크면 지표면에는 에너지가 계속 쌓이므로 온도가 오른다. 그러나 열복사는 온도의 네제곱에 비례해 커지므로 지표면의 온도가 상승하면 지구복사 에너지도 커진다. 따라서 어느 한쪽의 온도에 맞춰 태양복사와 지구복사가 균형을 이룬다.

반대로 태양복사보다 지구복사가 더 크면 지표면은 에너지를 잃게 되므로 온도가 떨어지고 이에 따라 지구복사도 적어져 마찬가지로 어느 한쪽의 온도에 맞춰 태양복사와 지구복사는 균형을 이룬다.

즉 어느 일정한 온도에서 태양복사와 지구복사가 균형을 이루어 평형상태를 이루게 된다. 이때 균형을 이루는 온도를 '유효온도effective temperature'라고 한다. 유효온도가 높으면 기본적으로 그 행성은 고온 환경, 낮으면 저온 환경이 된다. 이것이 행성의 기후가 성립되는 기본 원리이다. 실제로는 기후 형성에 더 많은 요인이 관여하지만 말이다.

행성의 환경을 좌우하는 세 가지 요인

지구의 표면 환경은 일정하지 않다. 육지와 바다가 있고 육지에는 넓게 펼쳐진 사막이 있는가 하면, 온갖 식물로 덮여 있는 밀림도 있다. 또한 지표면의 일부는 얼음과 눈으로 덮여 있기도 하고 대기에는 구름이 떠다닌다. 태양광은 검은색 계통에는 흡수되기 쉽고 흰색 계통에는 반사되기 쉽다.

지구 전체로 보면 태양광은 우주 공간인, 대기에서 30퍼센트 정도가 반사되고 실제 지표에 도달하는 것은 전체의 70퍼센트쯤 된다. 빛을 반사하는 정도를 '알베도albedo'라고 하는데, 지구가 반사하는 태양광의 비율이 높을수록, 즉 지구의 알베도가 높으면 그만큼 지구에 닿는 태양복사 에너지는 적어진다.

아울러 지표에서 방출되는 열복사도 우주 공간으로 모두 빠져나가는 것

[그림 1-2] **지구의 에너지 균형**

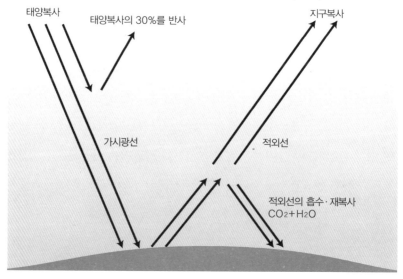

태양복사
태양복사의 30%를 반사
지구복사
가시광선
적외선
적외선의 흡수·재복사
$CO_2 + H_2O$

태양복사의 30퍼센트는 구름이나 지표에서 반사되고 나머지 70퍼센트가 지표를 따뜻하게 한다. 따뜻해진 지표는 적외선을 방출하는데, 그중 일부는 대기 중의 온실가스(이산화탄소나 수증기 등)에 흡수된다. 다시 복사된 적외선의 절반은 지표의 온도를 다시 상승시킨다. 이 같은 현상이 반복되면서 지표 온도는 온실가스가 없는 경우에 비해 더욱 올라간다. 이것이 대기의 '온실효과'이다.

은 아니다. 일부는 대기 중의 기체 분자에 흡수된다. 복사된 열을 흡수한 기체 분자는 에너지가 높은 불안정한 상태가 되므로 에너지(열복사)를 방출해서 원래의 안정된 상태로 돌아가려고 한다. 이때 에너지는 사방팔방으로 방출되는데, 절반은 지표면을 향해 방출된다. 그래서 지표는 더욱 가열된다. 이것이 대기의 '온실효과greenhouse effect'이다.

적외선을 흡수하는 기체를 온실가스라고 한다. 이산화탄소가 관심의 초점이지만, 사실 교토의정서(기후변화협약에 따른 온실가스 감축 목표에 관한 의정서)에 배출을 줄여야 할 대상으로 정의된 온실가스에는 이산화탄소CO_2

제1장 생명이 살아 숨 쉬는 행성

외에 메탄^{CH_4}, 아산화질소^{N_2O}, 수소화불화탄소^{HFCs}, 과불화탄소^{PFCs}, 육불화황^{SF_6} 등 6종이 더 있다. 수증기도 강한 온실효과가 있으며, 그 밖의 여러 기체에도 온실효과가 있다. 행성의 대기가 이들 기체를 어느 정도 포함하고 있느냐에 따라 지표면의 온도가 크게 달라진다.

이처럼 행성의 환경은 태양복사의 양, 행성의 알베도, 대기의 온실효과 등 세 가지 요인이 중요한 역할을 담당한다. 지구환경도 이 세 요인이 상호작용한다(그림 1-2).

그런데 지구의 이론상 유효온도는 영하 18도밖에 안 된다. 지표면의 실제 평균온도가 15도 정도이므로 그 차이인 33도가 대기의 온실효과 때문이라고 할 수 있다. 즉 온실효과가 전혀 없다고 가정하면 지구는 얼어붙고 말 것이다. 지구는 온실효과 덕분에 온난 습윤한 환경을 유지하고 있는 것이다. 이 온실효과는 대부분 수증기와 이산화탄소가 일으킨다. 요즘에는 온실효과를 부정적으로만 여기지만, 사실 지구에 없어서는 안 될 중요한 현상이기도 하다.

금성과 화성의 유효온도

그러면 여기에서 다시 금성과 화성의 경우를 생각해보자. 금성은 지구보다 태양에 훨씬 가까운 궤도를 돌고 있다. 그런 까닭에 금성이 받는 태양복사 에너지는 지구의 두 배에 달한다. 당연히 금성이 지구보다 훨씬 온도가 높아야 한다. 그런데 금성의 유효온도는 영하 46도이다. 놀랍게도 지구보다 낮은 온도이다. 어떻게 그럴 수 있을까? 금성의 대기는 전체가 두꺼운 황산 구름으로 뒤덮여 있다. 그런 까닭에 태양복사의 77퍼센트를 반사해버린다. 금성 지표면에 도달하는 태양복사 에너지는 전체의 23퍼센트에 불과하다.

그런데 앞서 금성의 표면 온도는 460도라고 했다. 약 510도에 달하는 이 커다란 차이는 바로 금성 대기의 온실효과 때문이다. 금성의 대기는 95기압이나 되는 이산화탄소로 이루어져 있어서 온실효과가 어마어마하기 때문에 고온 환경을 유지하고 있다. 그런데 만약 온실효과가 없었다면 금성은 지구보다 태양에 가깝지만 훨씬 추운 환경이 되었을 것이다.

한편 화성의 유효온도는 영하 56도로 실제 평균온도인 영하 53도와 비슷하다. 이는 화성의 대기가 이산화탄소로 이루어져 있기는 하나 0.006기압밖에 안 되는 지극히 엷은 대기여서 온실효과가 거의 없기 때문이다. 다만 이산화탄소의 양이 늘어난다면 온실효과가 증가해 화성을 온난한 환경으로 만들 수도 있다고 한다. 화성 표면에 나타나는 강의 흔적 같은 지형 등으로 미루어 보아 과거에 온난 습윤한 환경이었을 가능성이 조심스럽게 제기되고 있다. 이는 당시 화성의 대기가 현재와는 크게 달랐음을 시사한다.

이렇듯 지구와 행성의 표층 환경은 태양복사, 행성의 알베도, 대기의 온실효과에 의해 결정된다는 것을 알게 되었다. 이 세 요인이 서로 달리 작용함으로써 지구나 다른 행성의 표층 환경은 크게 바뀐다. 다시 말해 이들 요소가 시간의 흐름에 따라 변화하면 지구나 다른 행성의 환경도 시간의 흐름에 따라 크게 변동한다.

실제로 지구환경은 긴 지구의 역사에서 크게 변동해온 것으로 알려져 있다. 그리고 그것이 바로 이 책의 주제이다. 본격적으로 이 주제를 다루기 전에 또 다른 중요한 문제 하나를 이야기하고자 한다.

3. 바다의 존재

금성과 화성에도 바다가 있었다

액체 상태의 물이 바다라는 형태로 존재한다는 점이 지구의 커다란 특색 가운데 하나다. 그런데 사실 화성이나 금성에도 예전에 바다가 존재했을 가능성이 제기되고 있다.

화성은 남반구보다 북반구가 지형적으로 고도가 낮은 저지대인데, 그 경계가 깎아지른 듯한 절벽으로 나뉘어 있다. 또한 그 경계의 지형을 자세히 조사해보니 '해안선의 흔적'으로 보이는 것이 저지대 주위를 둘러싸고 있다는 사실이 밝혀졌다. 이를 해안선으로 추측하는 이유는 단순히 지형적인 유사성 때문만이 아니라 그 경계선을 이룬 지형이 당시의 '해면 수위'였음을 보여주기라도 하듯 거의 같은 고도에 형성되어 있기 때문이다. 그뿐만 아니라 남쪽 고지대에 강의 흔적으로 보이는 지형의 끝 부분, 즉 '하구'가 특정한 높이에 몇 개씩 모여 있는 것처럼 보였다. 즉 이는 초기의 화성에 바다가 존재했음을 나타내는 증거가 아닐까?

한편 금성의 표면은 수억 년 전에 대규모 지표 갱신(행성 전 지역에 걸친 용암의 분출)이 있었는지, 옛 시대의 지형이 거의 남아 있지 않다. 그런 이유로 화성처럼 과거 환경에 관한 정보를 얻을 수가 없다. 그러나 이론적으로는 초기의 금성에 바다가 형성되었을 가능성도 있다는 지적이 제기되고 있다. 다만, 비록 바다가 형성되었다고 해도 금성은 태양과 가까워서 대기 상공에서 수증기가 분해되어 가벼운 수소는 우주 공간으로 날아가버린다. 따라서 금성의 바다는 서서히 말라버렸을 것이다.

이처럼 화성이나 금성에도 옛날에는 바다가 존재했을 가능성이 논의되고 있다. 그렇다면 행성 표면에 액체 상태의 물이 존재하려면 어떤 조건들이 갖춰져야 할까? 액체 상태의 물이 존재할 수 없다는 것은 모든 물이 고체(얼음) 혹은 기체(수증기)가 되어버린다는 뜻이다. 지구의 기후가 극단적으로 낮거나 높으면 그렇게 될 가능성이 있다. 그렇다면 그런 일이 실제로 일어날 수 있을까?

한랭화가 진전되는 지구의 상태

태양복사가 적어지거나 대기의 온실효과가 감소하면 지구의 기온은 내려간다. 그렇게 되면 먼저 극지방의 물이 얼어붙을 것이다. 나아가 한랭화가 더욱 진전되면 얼어붙는 지역이 점점 저위도 지방으로 확장된다. 이런 상태가 계속되면 마침내 지구 전체가 극지방에서 적도까지 얼음으로 뒤덮인다. 이러한 상황을 '전 지구 동결 상태'라고 하는데, 이론상으로 충분히 가능하다. 이것이 바로 지표면에 액체 상태의 물이 존재할 수 없는 상태 가운데 하나다.

지구 전체가 동결하면 재미있는 현상이 발생한다. 기후가 한랭화되어 기온이 떨어지면 지표의 물은 얼어버린다. 얼음은 태양광을 반사하기 쉽다. 즉 얼음 때문에 지구의 반사율이 높아져 지구에 닿는 태양복사 에너지가 적어진다. 그러면 지구의 기온은 더욱 떨어지고 그 결과 얼음은 더욱 많이 생기며, 그 결과 기온은 더 떨어지게 된다.

이것이 급격한 한랭화를 불러일으키는 과정으로 '양의 피드백'이라 한다. 이렇듯 양의 피드백은 무엇인가 계기가 되어 발생하는 변화가 상호 인과관계를 이루면서 변화를 더욱 촉진하는 작용을 말한다. 시스템을 제어할 수 없는 한계까지 끌어올리는 작용이라고도 할 수 있다. 급격한 한랭화는 얼음의 반사율(아이스 알베도)이 높아 한랭화가 더욱 촉진되기 때문에 '아이스 알베도 피드백ice-albedo feedback'이라 불린다.

아이스 알베도 피드백이 작용하면 급격한 한랭화가 발생할 가능성이 있다. 이론적인 연구에 의하면 극지방에서 시작된 얼음이 위도 30~20도까지 도달하면 기후 시스템이 갑자기 불안정해지면서 급격한 피드백이 진행되어 적도까지 순식간에 얼어버린다고 한다. 이런 상황을 전 지구 동결 상태라고 한다.

온난화로 바다가 사라지는 시나리오

반대로 온난화 때문에 바닷물이 전부 증발해버릴 수도 있을까? 대기에 존재하는 이산화탄소의 농도가 아무리 짙어져도 바닷물이 모두 증발하는 일은 없다. 만약 이산화탄소의 부분압력이 금성(약 90~수십에 달하는 기압)과 비슷해진다고 해도 지구의 평균온도는 200도 정도이다(표 1-1 참조). 기압이 높으므로 물은 100도를 넘어도 액체 상태로 존재할 수 있다는 점에 주의하자.

그렇다면 바닷물이 전부 증발해버리는 일은 절대로 없을까? 물론 그런 일이 일어날 수 있다. 지구에 닿는 태양복사 에너지가 일정한 임계치를 초과하면 바닷물이 모두 증발하는 일이 벌어질 수도 있다. 현재 지구가 단위 면적당 받는 실질적인 태양복사 에너지는 평균 240와트 정도이다. 이 수치가 300와트를 초과하면 지표면에는 액체 상태의 물이 존재할 수 없다. 그 이유는 무엇일까?

지구에 닿는 태양복사 에너지가 늘어나면 이와 균형을 이루기 위해 지구가 복사하는 에너지도 늘어야만 한다. 그렇지 못하면 지구에 닿는 에너지가 많아져서 지표의 온도가 증가하고 온도의 네제곱에 비례해 지구복사가 늘어난다. 그렇게 되면 어딘가 일정 온도에서 양자가 균형을 이루게 된다는 것은 앞서 언급했다.

그런데 지표 온도가 증가하면 대기 중의 수증기 양도 증가한다. 특히 수증기가 큰 폭으로 늘어나 대기의 주성분이 되면 지구가 복사할 수 있는 에너지는 지표 온도가 몇 도이건 상관없이 일정한 선에서 고정되어버린다.

이는 수증기가 이산화탄소 등에 비해 적외선을 훨씬 잘 흡수하는 성질이 있어 지표에서 방출된 적외선은 대부분을 흡수하고 수증기에서 다시 복사된 적외선만 우주 공간으로 빠져나가기 때문이다. 이렇게 수증기가 주성분인 대기가 방출할 수 있는 복사의 상한선을 '방출 한계'라고 한다.

지표에 입사하는 태양복사 에너지가 이 방출 한계를 넘어서면 우주 공간으로 방출되는 행성복사 에너지는 일정하므로 에너지의 균형이 깨지고 만다. 일정한 한계를 넘은 에너지는 지표 온도를 상승시켜 물을 증발시킨다. 그 결과 바닷물은 전부 증발하게 된다.

그런데 바닷물이 모두 증발한 뒤에도 지표는 계속해서 에너지를 과잉 흡수하기 때문에 지표 온도는 더욱 상승한다. 지표 온도가 끝없이 올라가 마침내 바위마저 녹이는 온도(약 1200도)에 도달하면 지표는 '마그마 바다magma-ocean'로 뒤덮이고 만다. 이처럼 극단적인 고온 환경을 '온실효과의 폭주'라고 한다. 지표면에 액체 상태의 물이 존재할 수 없는 또 하나의 경우이다.

다음 장에서 다시 얘기하겠지만 온실효과의 폭주 현상은 지구 형성기에 실제로 일어났던 것으로 알려져 있다. 이것은 또한 먼 미래의 지구 모습이기도 하다.

생명체가 존재할 수 있는 조건

전 지구 동결 상태와 온실효과의 폭주는 양쪽 모두 액체 상태의 물이 지표면에 존재할 수 없는 극단적인 기후 환경이다. 이런 환경에서 생명은 도저히 살아남을 수 없다. 그렇게 보면 현재 지구의 온난 습윤한 환경이 생명에는 매우 적합한 환경임을 알 수 있다. 액체 상태의 물이 존재하는가가 생명이 존재할 수 있는 조건이라면 그것은 전 지구 동결 상태도 온실효과의 폭주 상태도 아닌 환경이라고 바꿔 말할 수 있다.

다만 그러한 조건이 일시적으로 형성되는 것은 아무런 의미가 없다. 화성이나 금성에도 바다가 존재했을 가능성이 있지만 현재 그렇지 못하다면, 생명체가 살 수 있는 행성이라고 말할 수 없다.

생명체가 살 만한 조건을 충족시키려면 바다가 존재할 수 있는 환경이 장기간(수십억 년) 유지되어야 한다. 지구를 생명의 행성이라고 부를 수 있는 것은 장기간 바다가 존재했기 때문이다. 그렇게 오랫동안 지구환경이 안정적으로 유지될 수 있었던 이유는 무엇일까? 바로 이 점이 지구가 '기적의 행성'이라고 불리는 까닭이며 동시에 생명으로 넘치는 행성이 된 이유이다. '지구환경의 안정성'에 대해서는 제3장에서 자세히 설명하기로 하고 제2장에서는 지구를 둘러싼 대기와 해양이 처음에 어떻게 만들어졌는지를 먼저 살펴본다.

| 제2장 |

대기와 해양의 기원

1. 바닷물은 왜 짤까?

 몇 년에 한 번씩 일반 시민이나 언론으로부터 받는 질문이 있다. '바닷물은 왜, 언제부터 짰을까?'라는 것이다. 바닷물이 짠 이유는 해수에 나트륨 이온이나 염소 이온 등 염분이 녹아 있기 때문인데, 그렇다면 언제부터 그렇게 된 것일까?

 이는 굉장히 사소한 듯싶지만 상당히 본질적인 질문이다. 왜냐하면 이것은 대기와 해양의 기원, 즉 대기와 바다가 언제 어떻게 형성되었는가와 밀접하기 때문이다. 다시 말해 이 질문은 바닷물에 녹아 있는 염분의 기원뿐 아니라 대기와 해양의 기원으로 이어진다.

바닷물의 성분 구성이 바뀌지 않는 이유는?

 원래 대기와 해양은 '지구 시스템'을 구성하는 요소 가운데 하나다. 이런 서브시스템subsystem 사이에는 열과 물질을 주고받는다. 따라서 대기와 해양은 그 자체가 다른 것과 아무런 상관없이 단독으로 존재하는 것이 아니다. 예를 들어 화산 활동으로 지구 내부에서 대기로 화산 가스가 방출되고, 육지의 하천수가 바다로 흘러간다. 화산 가스에는 수증기와 이산화탄소 등이 포함되어 있고 하천수에는 대륙지각을 구성하는 광물이 빗물이나 지하수에 용해되어(이를 '화학적 풍화작용'이라 한다) 생성되는 칼슘 이온이나 나트륨 이온 등이 다량 포함되어 있다. 즉 대기와 바다에는 지구 내부나 대륙지각 등의 고체 지구에서 다양한 물질이 공급되고 그것들이 오랜 시간에 걸쳐 축적된 결과 오늘날과 같은 형태를 이루게 된 것으로 추측해볼 수 있다.

그러면 잠깐 생각해보자. 지구 내부의 물질이 녹아 마그마가 되고 그것이 차갑게 식어 굳어지면서 형성된 바위인 화성암이 지표에서 풍화작용을 받는다고 가정하자. 그리고 화성암에서 녹아나온 다양한 화학 성분이 하천수를 통해 해수로 흘러 들어갔다고 생각해보자.

표 2-1은 하천수와 해수의 주요 성분을 정리한 것이다. 이를 비교해보면 재미있는 사실을 발견할 수 있는데, 하천수와 해수의 주요 성분은 같지만 그 비율이 다르다는 점이다. 가령 양이온을 살펴보면 하천수는 칼슘 이온, 나트륨 이온, 마그네슘 이온, 칼륨 이온의 순서인데, 해수는 나트륨 이온, 마그네슘 이온, 칼슘 이온, 칼륨 이온의 순서이다. 음이온의 경우 하천수는 탄산수소 이온, 염소 이온, 황산 이온의 순서인 데 반해, 해수는 염소 이온, 황산 이온, 탄산수소 이온으로 되어 있다. 즉 이대로 하천수의 이온이 바다로 계속 공급되면 해수를 구성하는 성분의 비율도 계속해서 바뀔

[표 2-1] 해수와 하천수의 구성

용존 성분	해수 중의 농도 (10^{-3}mol/l)	하천수 중의 농도 (10^{-3}mol/l)	평균 체류 시간 (10^6years)
Na^+	479.0 ①	0.315②	55
Mg^{2+}	54.3 ②	0.150③	13
Ca^{2+}	10.5 ③	0.367①	1
K^+	10.4 ④	0.036④	10
Cl^-	558.0 ①	0.230②	87
SO_4^{2-}	28.9 ②	0.120③	8.7
HCO_3^-	2.0 ③	0.870①	0.083
NO_3^-	0.02④	0.010④	0.072

것이다!

그런데 옛 지층을 조사해보면 적어도 과거 수억 년 동안 해수의 구성은 크게 달라지지 않았음을 알 수 있다. 그 이유는 무엇일까?

원소의 공급원

답은 간단하다. 해수로 유입되는 하천수에 포함된 물질의 양만큼 해수에서 제거되고 있기 때문이다. 예를 들어 하천을 통해 유입되는 양이 많은 칼슘 이온이나 탄산수소 이온은 해수에서는 탄산칼슘으로 침전된다. 이렇게 되면 하천을 통해 물질이 계속 유입돼도 해수의 구성 성분이나 염분의 농도는 크게 달라지지 않는다. 해수에서 침전되어 제거된 물질은 해저 침전물의 일부가 되는 것으로 보인다.

따라서 모든 원소는 화성암과 해수, 퇴적암이라는 세 개의 레저부아reservoir, 즉 물질의 저장 장소에 각각 어느 정도 존재하는지를 조사해 물질의 수지收支를 검증할 수 있다. 이 개념은 '지구화학적 수지'라고 해서 20세기 전반에 활발히 논의되었다. 논의를 통해 밝혀진 것은 대기와 해양과 밀접한 관계가 있는 원소의 신비한 특징이었다.

대부분의 원소는 이 세 가지 레저부아의 존재량이 조화를 잘 이루고 있다. 즉 본래 화성암 속에 함유되어 있던 원소는 풍화작용으로 하천에 녹아서 해수로 흘러드는데, 그중 일부가 침전되어 현재는 퇴적암 속에 존재한다고 볼 수 있다. (해저 퇴적물의 일부는 오랜 시간과 지질학적인 과정을 거쳐 현재는 퇴적암의 형태로 육지에 분포한다.) 그런데 몇몇 특정 원소는 이 수지의 균형이 깨져 있는데, 이는 물, 탄소, 염소, 유황, 질소 등으로 대기와 해양의 주성분이다. 이들 원소는 일반적으로 '휘발성 성분'이라 한다. 휘발성 성분은 지구화학적 수지의 균형을 맞추지 못한 채 대기나 해수 중에 화성암에서 공급된 것보다 많은 양이 존재한다. 그래서 이들을 '과잉 휘발성 성분'이라고 부른다. 그렇다면 이 과잉 성분은 대체 어디에서 온 것일까?

원래부터 바닷물은 짰다

가장 쉽게 생각할 수 있는 것은 과잉 성분이 지구 내부에서 화산 가스의 형태로 대기에 방출되는 즉, '탈가스degassing'화한 것이라고 보는 견해이다. 그 이유는 대기를 구성하는 질소나 이산화탄소뿐 아니라 해수를 구성하는 물이나 염소, 유황 등도 포함되어 있기 때문이다. 즉 대기나 해양 모두 지구 내부에서 탈가스 작용으로 형성되었을 것이라는 추측이다. 특히 주목해야 할 점은 대기 성분뿐 아니라 해수에 녹아 있는 음이온도 원래는 지구 내부에서 분출된 탈가스 성분이라는 것이다. 아울러 해수에 녹아 있는 양이온에 대해 말하자면 앞서 언급했듯이 화성암의 풍화작용으로 공급된 것으로 보인다.

그렇다면 이러한 탈가스 작용은 언제 일어났을까? 다음 절에서 설명하는 것처럼 그 대부분은 지구 형성기에 발생한 것으로 보인다. 그렇다면 지구가 탄생했을 때 대기와 해양은 이미 형성되어 있었던 것이 된다.

해수에 음이온으로 녹아 있는 염소나 유황, 탄소는 물에 녹아 산, 즉 염산이나 황산, 탄산이 된다. 따라서 지상에 내린 최초의 비는 필연적으로 강산성이었을 것이다. 이 강산성의 비는 원시 지각과 접촉하자마자 격한 화학반응을 일으킨다. 이때 양이온이 녹아 빠져나옴으로써 급속하게 중화되어 원시 해양이 형성되었을 것으로 생각된다. 이런 일은 지구의 형성과 동시에 일어났을 것이다.

그러면 처음으로 돌아가 질문에 대답해보자. 지금까지 살펴본 바로 바다는 약 46억 년 전 지구가 탄생할 때부터 존재했으며 틀림없이 처음부터 짰을 것이다.

2. 대기와 해양은 언제, 어떻게 생겨났을까?

대기와 해수에 함유된 음이온(염소, 유황, 탄소 등)은 휘발성 성분으로 지구 내부에서 탈가스 작용에 의해 등장했다. 한편 해수에 함유된 양이온(나트륨, 마그네슘, 칼슘, 칼륨 등)은 휘발성 성분이 아니라 암석에서 녹아나온 성분이다. 이렇듯 대기나 해양의 형성은 지구의 기원과 밀접한 관련이 있다.

대기 형성의 수수께끼를 푸는 열쇠, 희유기체

현대의 행성 형성론에 따르면 우주에 떠도는 '분자구름'으로 불리는 거대한 가스, 특히 물질의 밀도가 높은 덩어리가 중력의 영향을 받아 수축하면 중심부에는 별, 그 주변에는 '원시 행성계 원반protoplanetary disk'이라 불리는 회전하는 가스 원반이 형성된다. 이 원시 행성계 원반에서 행성이 형성되는 것이다. 태양계를 형성한 원시 행성계 원반을 원시 태양계 성운이라고 부른다. 이것은 대부분 수소와 헬륨으로 이루어진 가스인데 고체 미립자가 1퍼센트 정도 포함되어 있다. 이 고체 미립자가 모여 '미행성planetesimal'이라 불리는 지름 약 10킬로미터의 소천체를 형성한다. 미행성은 중심별의 주변을 공전하면서 서로 충돌하면서 합쳐진다. 이렇게 하여 행성이 형성된다(그림 2-1). 이때 행성의 '대기'가 형성되는 것으로 알려져 있다.

대기에 존재하는 '희유기체'는 대기가 형성되는 과정에 대한 중요한 힌트를 준다. 희유기체란 앞서 언급했듯이 화학적으로 비활성이기 때문에 비활성 가스라고도 한다. 헬륨, 네온, 아르곤, 크립톤, 제논 등이 이에 해당한다.

예를 들어 탄소나 유황 등의 원소는 화학적으로 반응성이 풍부해 그 움직임이 매우 복잡하다.

[그림 2-1] 태양계 형성 과정의 개념도

(1) 가스 성분과 고체 미립자가
뒤섞여 있는 상태

적도면

(2) 분진이 적도면에 침전되면서
얇은 층을 형성한다

(3) 분진으로 이루어진 층이 분열해
다수의 미행성을 형성한다

(4) 미행성이 집적해 원시 행성이 생긴다
(지구형 행성의 형성)

(5) 질량이 큰 원시 행성은 주변에서
가스를 모은다(거대 가스 행성의 형성)

(6) 원시 행성계 원반 가스가 흩어져 없어짐

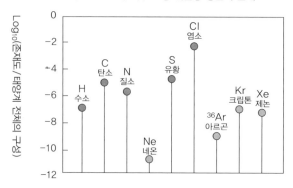

[그림 2-2] 지구 표층 휘발성 성분의 존재도

그래서 이력을 추적·복원하기가 상당히 어렵다. 그러나 희유기체는 화학 반응에 참여하지 않기 때문에 움직임이 매우 단순하다. 즉 일단 탈가스화하면 그대로 대기에 축적된다.

지구 표층에 존재하는 희유기체와 그 외 휘발성 성분의 상대적인 존재 정도를 나타낸 것이 그림 2-2이다. 세로축은 태양의 구성(즉 거의 태양계의 구성)을 기준으로 그 상댓값을 대수對數로 표시했다. 지구는 원시 태양계 성운가스에서 탄생했기 때문에 만약 주위에 존재하던 원시 태양계 행성 가스를 중력으로 포획했다고 가정하면 휘발성 성분의 구성은 태양과 같아야 한다. 그런데 그림 2-2에서도 분명히 알 수 있는 것처럼 그 존재도는 태양의 구성(세로축 0 레벨이 태양과 같은 구성)에 비해 두 자릿수에서 열 자릿수까지 낮고 게다가 원소별 차이도 상당히 크다.

조금 더 자세히 살펴보면 반응성이 높은 휘발성 원소(수소, 탄소, 질소, 유황, 염소)보다 화학적으로 비활성인 희유기체(네온, 아르곤, 크립톤, 제논)의 존재량이 상대적으로 낮다. 이는 대체 어떻게 된 일일까?

지구 대기의 2차 기원설

현재 지구의 모습은 탄생한 이후 대략 46억 년에 이르는 긴 시간 동안 진화를 거친 모습이다. 지구가 탄생할 당시 모습을 그대로 보존하고 있지 않을 가능성이 크다. 어떤 원소는 지구 내부로 스며들었을 것이고 어떤 원소는 우주 공간으로 흩어져버렸을 가능성도 있기 때문이다.

그런데 잠깐 생각해보자. 만약 이들 원소가 지구 내부로 스며들었다고 가정했을 때 화학반응을 일으키기 쉬운 원소는 스며들기 쉬웠을 테고 화학적으로 비활성인 희유기체는 거의 스며들지 않았을 것이다. 그러나 실제로는 이와 반대이다(그림 2-2). 아울러 우주 공간으로 흩어져 사라지는 원소는 일반적으로 질량이 작은 원소들이다. 따라서 가벼운 수소나 헬륨은 흩어져 사라질 수 있다고 해도 그보다 무거운 분자는 흩어지기 어렵다. 무엇보다 그림 2-2에서는 질량이 가벼울수록 존재도가 낮아지는 경향을 찾아볼 수 없다.

이 같은 사실이 의미하는 바는 지구의 대기가 원시 태양계 성운가스를 중력으로 포획한 것, 즉 1차 대기가 아니라, 행성을 구성하는 재료 물질로 생각되는 미행성에서 2차적으로 탈가스화한 것, 즉 2차 대기라는 사실이다. 미행성은 본래 원시 태양계 성운가스 속에서 고체 미립자가 모여 형성된 것으로, 가스 성분도 일단 이때 원시 태양계 성운가스에서 유입된 것이다. 다만 이때에도 화학반응이 잘 일어나는 원소는 포함되기 쉬웠을 것이고 반면 희유기체는 포함되기 어려웠을 것이다. 이들 가스 성분이 지구가 형성되는 도중이나 형성된 뒤에 탈가스화했다고 가정하면 그림 2-2와 같은 패턴이 나타난다.

즉 지구의 대기와 해양은 지구를 구성하는 고체 물질에서 발생한 2차적인 탈가스 작용에 의해 형성된 것으로 보인다. 이를 지구 대기의 2차 기원설이라고 한다. 1950년 브라운에 의해 최초로 지적된 개념이다.

동위원소의 비에 주목한다

대기와 해양은 언제 형성된 것일까? 먼저 '연속 탈가스설'이라 불리는 유명한 가설을 알아보자. 이는 문자 그대로 연속적인 탈가스 작용으로 지구에 대기와 해양이 형성되었다는 가설이다. 윌리엄 루베이William Rubey라는 연구자가 1950년대 제창한 것이다.

루베이는 화산 활동으로 방출된 화산 가스의 주성분이 수증기와 이산화탄소이고 이것이 지구 표층의 휘발성 성분의 구성과 유사하다는 점에 주목했다. 그리고 현재와 같은 화산 활동이 지구가 탄생할 당시부터 계속됐다고 가정하면 화산 활동이 반복되면서 오늘날의 대기와 해양이 형성되었다는 것이다. 이는 '동일과정설uniformitarianism'에 기초한 전형적인 생각이다. 동일과정설이란 과거 지구에서 일어났던 현상이나 과정이 기본적으로 현재의 지구에서 관찰되는 현상이나 과정과 같다는 개념이다.

그런데 연속 탈가스설과는 분명하게 모순되는 지질학적 증거가 발견되었다. 그린란드 서부의 이수아Isua라는 곳에서 약 38억 년 전의 퇴적암이 발견된 것이다. 현재의 지구에서는 깊이 수천 미터의 해저에서 형성되는 퇴적암이 약 38억 년 전의 지층에서 발견되었다. 그런데 이 시기는 지구가 형성된 지 불과 8억여 년밖에 지나지 않은 때로 지구 역사 전체의 약 6분의 1밖에 지나지 않은 시기이다. 연속 탈가스설에 따르면 해양의 규모도 현재의 약 6분의 1이 된다. 단순하게 대륙이 존재하지 않는다고 가정했을 때 해양의 평균 깊이 2600미터(실제로는 대륙이 있기 때문에 평균 깊이는 3800미터)의 6분의 1, 즉 겨우 400미터 정도밖에는 안 된다. 이것으로는 이수아에서 발견된 심해 퇴적물의 형성을 설명하기 어렵다.

다시 희유기체에 관한 이야기로 돌아가 정량적인 논의를 조금 더해보자. 이번에는 희유기체의 '양'이 아니라 '동위원소의 비'에 주목한다. 동위원소라는 것은 원자핵을 구성하는 양성자의 수가 같고 중성자의 수가 다른 원소들을 가리킨다. 화학적인 성질은 같지만 질량이 달라서 물리적인 움직임이 다르다. 예를 들어 탄소에는 스스로 방사성붕괴를 하지 않는 안정동위원소로 질량수 12인 탄소12(^{12}C)와 질량수 13인 탄소13(^{13}C)이 있고, 방사성붕괴를 하는 방사성동위원소로 질량수 14인 탄소14(^{14}C) 등 세 가지의 동위원소가 존재한다.

아르곤40

최근 희유기체 중에서 아르곤이 주목을 받고 있다. 아르곤은 질소와 산소에 이어 대기에 세 번째로 많은 성분이다. 아르곤에는 질량수가 36과 38, 40의 세 가지 안정동위원소가 존재하는데, 이중 질량수가 36인 아르곤36(^{36}Ar)과 질량수가 40인 아르곤40(^{40}Ar)의 존재비를 살펴보자.

아르곤40은 칼륨의 핵붕괴로 생성되는 핵붕괴 기원 원소이다. 이에 반해 아르곤36은 비핵붕괴 기원 원소이다. 따라서 아르곤36에 대한 아르곤40의 존재비는 시간과 함께 증가한다.

현재 지구 대기에 존재하는 아르곤36에 대한 아르곤40의 비율은 295.5이다. 즉 아르곤40이 대부분(99퍼센트 이상)을 차지하고 있다. 그 이유는 암석에 대량으로 함유된 칼륨 동위원소인 칼륨40(^{40}K)이 전자포획electron capture이라 불리는 방사성붕괴를 일으켜 아르곤40이 생성되고 이것이 지구 내부로부터 방출되어 대기에 축적되었기 때문이다.

전자포획에 의한 방사성붕괴는 1935년 유카와 히데키湯川秀樹 등에 의해 이론적으로 예언된 이후 1937년 루이스 앨버레즈Luis Alvarez가 실험을 통해 증명했다. 루이스 앨버레즈는 노벨 물리학상을 받은 미국의 소립자 물리학자로 만년에는 지질학자인 아들 월터 앨버레즈와 함께 지금으로부터 약 6500만 년 전의 백악기와 제3기의 경계층에 이리듐iridium 등의 백금족 원소가 비정상적으로 응집되어 있다는 사실을 발견했다. 그들은 소행성이 지구에 충돌해 공룡을 포함한 많은 생물이 멸종되었다는 설을 제창한 것으로도 유명하다(제7장 참조).

초기 대규모 탈가스설

핵융합이나 핵분열을 통해 새로운 원자핵을 만들어내는 과정에 대한 이론인 원소 합성 이론에 따르면 약 46억 년 전 지구가 탄생할 당시 아르곤40/아르곤36의 값은 1만 분의 1 정도였던 것으로 추정된다. 그러나 칼륨은 암석에 다량으로 함유되어 있어 지구 내부의 아르곤40/아르곤36은 시간이 갈수록 증가한다. 현재 지구 내부에서 관측되는 아르곤40/아르곤36의 최고치는 약 4만이다. 이에 반해 지구 대기에서는 앞서 언급했듯이 295.5이다. 이 사실은 대기의 형성과 진화를 설명하는 이론의 범위를 크게 제한한다.

예를 들어 지구 내부에서 방출된 탈가스가 100퍼센트 최근 발생한 것이라면 대기 중의 아르곤 동위원소 비는 약 4만이 되었을 것이다. 반대로 지구가 탄생할 당시에 만약 지구 내부에서 방출된 탈가스가 100퍼센트 발생한 것이라면 대기 중의 아르곤 동위원소 비는 약 1만 분의 1이 되었을 것이다. 즉 대기 중의 아르곤 동위원소 비가 295.5라는 값을 갖고 있다는 사실은 어떤 특별한 탈가스의 역사를 반영한 결과이다.

이 문제는 1970년대에 도쿄대학교의 오지마 미노루小嶋稔와 하마노 요조浜野洋三에 의해 검토되었다. 그 결과, 현재 대기에 존재하는 아르곤의 80퍼센트 이상은 지구 형성기 또는 형성 뒤 수억 년 이내에 탈가스화했으며 나머지는 오늘날에 이르는 오랜 기간 동안 연속해서 탈가스화해 대기에 포함된 것이라는 결론을 내렸다. 이를 '초기 대규모 탈가스설'이라고 한다. 즉 휘발성 성분의 탈가스 대부분이 지구 형성기 혹은 지구 역사 초기에 생성되었을 것이며 이는 대기나 해양이 지구 형성과 거의 같은 시기에 형성되었음을 강하게 시사한다.

수증기 때문에 일어나는 온실효과의 폭주

초기에 대규모 탈가스가 발생한 과정은 아마도 지구 형성 과정과 관계가 있을 듯하다. 지구 형성 초기에 미행성과 충돌하면서 그 충격으로 '충돌 탈가스' 현상이 발생했다는 것이 실험적으로 증명되었다. 이에 따라 미행성에 포함되어 있던 가스 성분이 방출된 것이 초기 대규모 탈가스의 메커니즘이라고 생각된다. 나아가서는 원시 지구가 성장할수록 미행성의 충돌 속도가 증가하기 때문에 충돌한 미행성은 모두 녹거나 증발해버린다. 그러면 휘발성 성분은 필연적으로 100퍼센트 탈가스화했을 것이다.

실제로 지구 형성기에는 온실효과의 폭주가 일어났을 가능성이 있다. 온실효과의 폭주란 제1장에서 언급했듯이 대기에 수증기가 다량으로 포함되어 있으면 대기가 방출할 수 있는 복사 에너지의 크기가 한정되는 것을 말한다. 그래서 그 이상의 에너지가 입사되면 에너지의 균형이 깨져서 지표 온도가 급격하게 상승한다.

그렇다고 지구가 탄생할 무렵의 태양이 지금보다 밝았는가 하면 그렇지는 않다. 오히려 당시의 태양은 현재보다 어두웠던 것으로 보인다. (이에 대해서도 다음 장에서 자세히 설명한다.) 다시 말해 태양복사가 컸기 때문에 온실효과의 폭주가 일어났던 것은 아니다.

지구에 집적되는 미행성의 충돌 에너지와 태양복사 에너지의 합계가 지구복사량의 한계(단위 면적당 약 300와트)를 초과했을 가능성이 있다. 그렇게 되면 지구가 형성되는 과정에서 온실효과의 폭주 현상이 일어난다. 이 결과 지표의 온도는 급격하게 상승해 물이 전부 증발하고 수증기 대기가 형성된다.

물이 전부 증발한 뒤에도 온도의 상승은 멈추지 않아 마침내 1200도를 넘어서면 지표를 구성하는 암석이 녹아내린다. 지표는 마그마 바다로 뒤덮인다. 그렇게 되면 수증기가 마그마에 녹아들기 때문에 대기를 구성하는 수증기의 양이 감소한다. 이렇게 해서 폭주가 멈춰지고 일단 안정된 상태가 된다.

그러나 온실효과의 폭주처럼 극단적인 조건은 유지되기 쉽지 않다. 미행성의 충돌 에너지가 감소해 복사량의 한계를 밑돌면 수증기는 즉시 응결해 물이 된다. 수증기 대기는 순식간에 붕괴되고 수백 년 동안이나 계속 호우가 내려 바다가 형성된다. 이때 지구 전체의 평균 강수량은 연간 4000~7000밀리미터로 추정되고 있다. 실로 '대호우 시대'라고 불릴 만한 상황이다.

이는 도쿄대학교의 아베 유타카^{阿部豊}와 마츠이 다카후미^{松井孝典}가 1980년대 수행한 바다의 기원에 관한 연구에서 얻은 결과이다. 바다가 형성된 것은 지구가 최종적으로 현재의 크기가 되기 직전인 지구 형성의 마지막 시기이다.

거대 충돌과 온실효과의 폭주 상태

다만 수증기 대기를 유지하려면 미행성의 충돌이 상당히 빈번하게 일어났어야 한다. 최근의 행성 형성론 시나리오에 따르면 행성 형성의 후반기에 화성 크기의 원시 행성이 지구 궤도상에 10개 정도 형성되어 그것이 서로 거대 충돌을 일으켜 지구가 형성되었다는 이론이 유력하다. 지구의 달은 최후의 거대 충돌로 형성되었다는 설이다. 그렇다면 적어도 지구가 형성되는 과정의 후반에는 미행성의 충돌 빈도가 낮아져서 상당히 간헐적으로 충돌했을 가능성이 크다. 이 경우 온실효과의 폭주 상태를 유지하기란 매우 곤란하다.

화성 크기의 천체가 충돌하면 지구의 온도는 수만 도까지 상승한다. 따라서 원시 지구는 거대 충돌이 일어날 때마다 일부는 증발하고 일부는 녹아버린다. 그리고 이것이 식어서 굳는 과정에서 지구 내부로부터 엄청난 열이 방출되어 지구는 온실효과의 폭주를 경험하게 된다. 즉 이 경우에도 거대 충돌이 일어난 직후 천이遷移 상태로서 온실효과의 폭주가 발생한다. 그리고 충분히 식으면 수증기는 비가 되고 해양이 형성된다. 거대 충돌 때마다 바다는 증발하고 다시 형성되는 것이다.

아울러 앞서 언급한 퇴적암은 해양이 존재했다는 가장 오래된 지질학적 증거이기도 하다. 이 퇴적암은 약 38억 년 전 심해 퇴적물이 쌓여 형성된 것으로 보인다.

이 시기 이전의 지질학적 증거는 거의 없다. 해양이 존재했다는 사실을 뒷받침하는 증거가 있기는 하지만 모두 간접적인 것에 불과하다. 다음 절에서 언급하겠지만 액체 상태의 물이 존재했음을 알려주는 가장 오래된 암석이나 광물의 연대를 측정해 해양이 약 40억 년 전에 형성되었다고 주장하는 이들이 있다. 그러나 이는 물리적인 뒷받침이 부족하다. 아르곤 동위원소의 비가 의미하듯이 탈가스 현상은 지구 형성기에 발생한 것이 틀림없다. 그렇다면 물이나 이산화탄소를 포함한 다른 휘발성 성분도 동시에 탈가스화했을 것이다. 지구가 탄생했을 때 대량의 물이 지표면에 존재했다면 그것을 수증기 상태로 유지하기는 물리적으로 어려우므로 반드시 응결되어 바다가 형성되었을 것이다.

이렇게 해서 46억여 년 전 지구가 탄생했을 때에는 이미 대기와 해양 모두 형성되어 있었을 것이다.

3. 초기 지구의 환경

지구가 탄생하고 초기 약 6억 년 동안(약 46~40억 년 전)은 '하데스대 Hadean Eon'라 불리는 시대이다(그림 2-3). 지질학적 증거가 거의 존재하지 않기 때문에 현재로서는 모든 것이 베일에 가려져 있다. '초기 지구'라고도 불리는 이 시기의 지구는 아직 소천체가 지구에 빈번하게 충돌하고 여기저기에서 용암이 분출하며 커다란 달이 지구 바로 옆을 도는 세계였을까. 이런 모습은 아직 생명이 탄생하기 이전의 '원시 세계'의 이미지다. 그렇다면 초기 지구의 실제 환경은 과연 어떠했을까?

생명의 기원과 초기 지구의 대기

지구가 형성되면서 동시에 대기와 바다도 형성되었다는 것은 거의 틀림없다. 그러나 형성 직후의 대기는 아마도 현재의 대기와는 전혀 달랐을 것

[그림 2-3] **지구의 역사 연표**

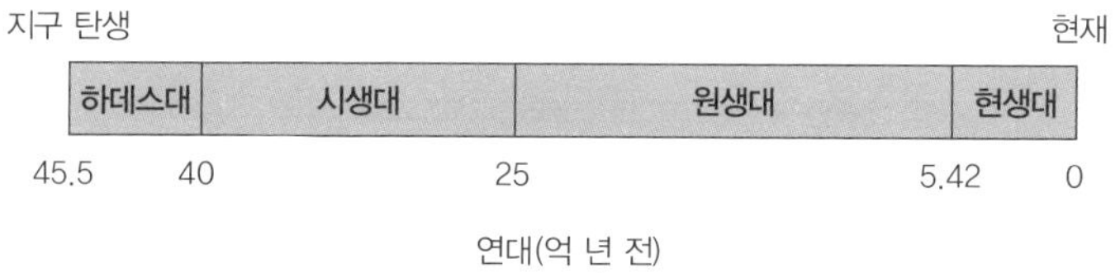

지구 탄생   현재

하데스대	시생대	원생대	현생대
45.5 40	25	5.42	0

연대(억 년 전)

이다. 대기에 산소는 거의 존재하지 않았고 구성은 상당히 환원還元적이었
다. 즉 수증기보다는 수소, 이산화탄소보다는 일산화탄소가 많고 경우에
따라서는 메탄도 존재했던 것으로 보인다. 다만 수소는 가벼워서 우주 공
간으로 흩어졌다. 일산화탄소나 메탄은 태양광선 중 자외선 때문에 이산
화탄소로 변해버려 지구 대기의 주요 구성은 이산화탄소와 질소로 변모했
을 것이다.

하지만 이러한 대기 구성의 변화가 어느 정도의 시간에 걸쳐 일어났는
지 확실하게 밝혀진 바는 없다. 1억 년 혹은 10억 년이 걸렸을 수도 있다.
이 시간은 수소가 얼마나 빠른 속도로 우주 공간으로 흩어져버렸는지에
달려 있다.

대기 구성의 변화는 생명의 기원에 관한 문제와 밀접한 관련이 있다. 생
명의 탄생은 하데스대부터 '시생대'(40~25억 년 전, 그림 2-3 참조) 초기 사
이에 일어났을 가능성이 크다. 그 이유는 약 38억 년 전에 이미 생명이 활
동한 흔적이 발견되었기 때문이다. 생명이 탄생했을 때 지구환경이 어떠
했는지 지금으로서는 정확히 알 수 없지만 당시 환경 조건에서 생명의 재
료 물질인 아미노산이나 핵산이 만들어질 수밖에 없는 필연성이 존재했다
는 사실은 틀림없다.

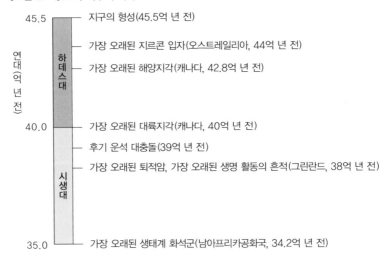

[그림 2-4] **초기 지구의 역사**

연대(억 년 전)

45.5 ── 지구의 형성(45.5억 년 전)

하데스대 ── 가장 오래된 지르콘 입자(오스트레일리아, 44억 년 전)

── 가장 오래된 해양지각(캐나다, 42.8억 년 전)

40.0 ── 가장 오래된 대륙지각(캐나다, 40억 년 전)

── 후기 운석 대충돌(39억 년 전)

── 가장 오래된 퇴적암, 가장 오래된 생명 활동의 흔적(그린란드, 38억 년 전)

시생대

35.0 ── 가장 오래된 생태계 화석군(남아프리카공화국, 34.2억 년 전)

아미노산을 무생물적으로 합성하는 실험에 따르면 메탄이나 암모니아 등이 포함된 '강환원형強還元型' 대기 환경에서는 불꽃 방전이나 자외선, 열 등과 같은 에너지가 더해지면 비교적 쉽게 아미노산이 생성된다. 그러나 일산화탄소와 이산화탄소, 질소 등으로 이루어진 '약환원형弱還元型'의 대기 환경에서는 아미노산을 생성하기가 매우 어렵다. 또한 이산화탄소와 질소만 있는 대기 환경에서는 아미노산이 거의 생성되지 않는다는 사실을 알게 되었다. 즉 초기 지구의 산화·환원 환경의 변천은 생명의 탄생과 깊은 관련이 있다.

지구 최고最古의 암석

앞서 언급했듯이 지구가 탄생한 뒤 수억 년 동안은 지질학적 증거가 거의 남아 있지 않다. 가장 오래된 퇴적암은 지금으로부터 약 38억 년 전의 것이다. 이 이전의 지질학적 증거는 매우 드물다(그림 2-4). 지금까지 알려진 가장 오래된 암석은 캐나다 노스웨스트 준주準州에서 발견된 것으로 약 40억 3100만 년 전의 아카스타 편마암Acasta gneisses으로 불리는 변성암이다. 원래 이것은 대륙지각을 구성하는 화강암이 높은 압력을 받아 변성작용(열과 압력의 영향으로 암석의 구성 광물이나 조직이 바뀌는 것)을 일으킨 것으로 보인다. 즉 이 변성암은 40억 년보다 더 이전에 대륙지각이 존재했을 가능성을 나타낸다. 게다가 화강암이 형성되려면 물이 필요하므로 바다가 존재했을 가능성도 있다.

2008년 9월 이것보다 더욱 오래된 암석이 캐나다 퀘벡 주 북부에서 발견되었다는 논문이 과학 잡지 『네이처Nature』에 게재되었다. 무려 약 42억 8000만 년 전의 것이라고 한다. 앞으로 초기 지구의 환경에 관한 새로운 정보를 얻을 수 있기를 기대해본다.

지금 시점에서 이것보다 이전 시대의 정보는 거의 남아 있지 않다. 유일하게 알려진 것은 오스트레일리아 서부의 잭힐스Jack Hills에서 발견된 지르콘zircon 광물 입자의 존재이다. 지르콘은 화강암 등 실리카silica가 풍부한 화성암을 구성하는 광물로서 석영이나 장석 등 다른 광물에 비해 풍화작용이나 변성작용에 강하다고 알려져 있다. 그래서 원래의 암석이 시간이 흐르면서 침식되고 역암으로 퇴적될 때 지르콘 입자만이 살아남은 것으로 보인다. 가장 오래된 것은 약 44억 400만 년 전이라는 연대를 보여준다. 지구가 탄생한 정확한 연대는 45억 5000만 년 전으로 추정되고 있다. 따라서 지구가 탄생한 이후 불과 1억 년밖에 지나지 않았을 때 지르콘 입자가 형성되었다고 말할 수 있다. 게다가 이 지르콘이 화강암에서 유래한 것이라면 그 무렵 이미 대륙지각이 형성되기 시작했을 뿐 아니라 바다가 존재했을 가능성도 보여주는 매우 귀중한 증거이다.

운석 대충돌

한편 지구가 형성된 초기 수억 년 동안은 소천체의 충돌이 상당히 자주 일어났던 것으로 추측된다. 이른바 '운석 대충돌기'라 불리는 시기이다. 달의 표면은 소천체의 충돌로 형성된 크고 작은 수많은 둥근 구덩이 흔적, 즉 크레이터crater로 덮여 있다. 미국의 아폴로 계획이 실현되어 인류가 달에서 가지고 온 월석의 연대를 측정한 결과, 크레이터가 많은 지역일수록 형성 연대가 오래되었다는 사실이 밝혀졌다. 이는 과거로 거슬러 올라갈수록 크레이터가 많이 형성되었다는 뜻이다. 특히 초기 수억 년 동안은 소천체의 충돌 빈도가 현재보다 몇 자릿수나 높았음을 시사한다. 달이 그렇다면 지구는 더했을 것이다. 지구가 달보다 크고 중력이 강해서 소천체가 충돌할 확률이 훨씬 높기 때문이다. 격렬한 천체 충돌이 당시 지구환경에 미친 영향은 어마어마하다.

크고 작은 천체들이 충돌해왔을 것이며 큰 천체가 충돌하면 일시적으로 해수가 전부 증발하는 '전 해양 증발' 현상이 일어난다. 전 해양 증발은 지구 역사의 초기 수억 년 동안 여러 번 있었던 것으로 추정된다. 이러한 일이 발생하면 비록 생명이 탄생했다고 하더라도 일단 전멸하고 다시 시작했을 가능성이 있다. 즉 지구 역사에서 초기의 생명은 탄생과 전멸을 여러 번 반복했을 것으로 짐작된다. 그 생명의 마지막 계통이 현생 생물의 공통 선조가 되었다는 것이다.

다만 만약 초기의 생명이 해양지각 내부의 깊은 영역으로 피했다면 전 해양 증발이 일어나도 전멸하지는 않았을 것이라는 지적도 있다. 실제로 현재의 지구에도 '지하 생명권'이라는 놀라운 세계가 존재한다는 사실이 최근 밝혀졌다. 지각 깊은 곳에 많은 미생물이 존재한다는 것이다. 게다가 이 지하 생명권에 존재하는 생물의 양, 즉 바이오매스biomass는 지표 생물의 생명권에 필적하거나 웃돌 것으로 추정하기도 한다. 이들 미생물의 기원은 꽤 오래전으로 거슬러 올라가야 할 가능성이 크다. 어쩌면 초기 지구에 발생했던 소천체의 충돌에서 살아남은 것들의 자손일지도 모른다.

아울러 생물의 유전자를 해석하면 열에 강한 '고온성 세균' 혹은 '극고온성 세균'이 가장 오래된 생물 계통에 속한다는 견해도 있다. 즉 초기의 생명은 고온 환경에 적응했을 가능성이 있는 것이다. 만약 그렇다면 이는 생명이 해저 열수공처럼 고온 환경에서 탄생했기 때문이거나 혹은 격렬한 소천체 충돌에서 살아남았음을 의미할 수도 있다.

초기 지구의 표면은 엷은 원시 지각이 덮고 있었고 그 바로 아래에는 마그마 바다의 잔재가 어느 정도 존재했을 가능성이 크다. 지구 내부는 상당한 고온으로 대류가 격심했을 것이다. 대량의 용암이 지표를 광범위하게 뒤덮는 대규모의 화성활동igneous activity이 자주 일어나지 않았을까?

당시 지구의 기후 상태가 어떠했는지는 알 수 없지만 일반적으로 매우 뜨거운 환경이었을 것으로 추정한다. 하지만 대기 중의 이산화탄소는 10기압을 밑돌았을 것이다.

그런데 이와는 정반대로 지구 역사의 초기 수억 년 동안은 지구 표면이 전부 동결(전 지구 동결 상태)되어 있었다는 개념도 최근 등장했다. 이는 운석이 충돌하면서 발생한 막대한 양의 작은 파편들이 급속하게 화학적 풍화작용을 겪으면서 이산화탄소를 빠르게 소비해 대기의 이산화탄소가 거의 전부 탄산염 광물로 고정되었다는 가설이다(제3장 참조). 조건에 따라서는 이러한 일이 발생했다고 해도 이상한 일이 아니다.

하데스대의 지구환경이 어떠했는지는 대기와 해양의 형성, 생명의 기원 등과도 깊은 관련이 있는 매우 중대한 문제인데, 실마리가 될 만한 지질학적 증거가 남아 있는 것이 드물어 아직 밝혀진 것이 거의 없는 상황이다.

| 제3장 |

지구환경의 안정화 요인은 무엇인가?

1. 어두운 태양의 패러독스

현재의 70퍼센트였던 태양의 밝기

태양은 우주에 존재하는 지극히 평범한 별(항성)이다. 태양의 중심부에서는 핵융합 반응이 일어나고 있다. 태양이 밝게 빛나는 까닭은 수소가 헬륨으로 변환되는 핵융합 반응에서 막대한 에너지가 생성되기 때문이다.

항성진화론에 의하면 별은 시간이 흐름에 따라 점점 밝아진다. 이는 핵융합 반응의 효율이 시간이 지나면서 높아지기 때문이다. 현재의 태양도 1억 년에 1퍼센트 정도의 비율로 밝아지는 것으로 추정된다. 태양 진화의 표준 모델을 따르면 지금으로부터 약 46억 년 전 탄생했을 당시 태양의 밝기는 현재의 70퍼센트 정도였다고 한다.

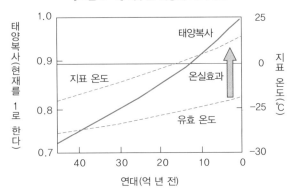

[그림 3-1] 어두운 태양의 패러독스

이는 생각해보면 매우 큰 일이 아닐 수 없다. 지구환경은 태양이 방출하는 복사 에너지에 의존하고 있으므로 이것이 70퍼센트밖에 안 되었다면 현재와는 전혀 다른 환경이었을 수 있기 때문이다.

태양의 밝기 외의 조건이 시간적으로 모두 변하지 않는다고 가정해보자. 지구가 탄생한 이래 지금까지 대기 구성, 행성의 알베도가 모두 현재와 같다고 생각하는 것이다. 그러면 지구의 기후는 어떻게 될까? 과거로 거슬러 올라갈수록 태양이 어두웠기 때문에 지구의 기후는 과거로 거슬러 올라갈수록 한랭했을 것이다(그림 3-1). 그러면 지금으로부터 약 20억 년 이전의 지구는 평균기온이 0도를 밑돌게 된다. 즉 지구 역사의 전반은 전 지구 동결 상태였을 것이다.

그런데 그런 지질학적 증거는 어디에도 없다. 그보다는 오히려 앞서 언급했듯이 약 38억 년 전 이후의 지층에서는 현재와 같은 규모의 해양이 존재했음을 보여주는 지질학적 증거가 계속 발견되고 있다. 이는 지구 전체가 동결 상태였다는 결론과는 명백히 모순된다. 이 모순을 '어두운 태양의 패러독스'라고 한다.

이러한 모순이 일어나는 까닭은 처음의 가정이 틀렸기 때문이다. 즉 태양의 밝기 이외의 다른 요인들이 시간적으로 변화했다고 생각하면 이 모순은 해결된다. 예를 들어 과거로 거슬러 올라갈수록 대기에 온실가스가 많다고 보면 태양복사 에너지가 적더라도 지표를 온난하게 유지할 수 있다.

온실효과를 상승시키는 기체

온실가스라고 하면 곧바로 떠오르는 것이 이산화탄소지만 지구온난화 문제가 논의되기 시작한 1970년대 초반에는 이산화탄소의 온실효과는 이미 한계에 달했기 때문에 농도가 증가해도 온실효과는 그리 커지지 않을 것이라고 생각했다.

온실효과를 가져오는 기체는 앞서 언급했듯이 이산화탄소 외에도 여러 가지가 있다. 예를 들어 메탄이나 암모니아 등은 대기에 조금만 존재해도 어두운 태양의 영향을 상쇄하고도 남을 정도로 온실효과가 강하다. 게다가 그러한 기체를 포함한 강환원형 대기의 존재가 지구 역사에서 초기 생명이 탄생한 무렵의 상황과 아주 잘 맞아떨어진다는 것은 앞에서 언급했다. 즉 암모니아나 메탄 등이 존재할 수 있는 강환원형 환경은 생명의 재료 물질인 아미노산의 무기적인 합성에 매우 적합하다. 그래서 이런 기체야말로 어두운 태양의 패러독스를 해결하는 온실가스의 후보로 여겼다.

그러나 1970년대 후반 지구처럼 바다가 있고 대기에 수증기가 존재하는 조건에서는 암모니아나 메탄이 안정적으로 존재할 수 없다는 사실이 밝혀졌다. 대기 중의 수증기는 자외선을 받으면 '수산기(-OH)' 즉 하이드록시기라 불리는 화학적 활성 물질이 생성되고, 이것은 암모니아와 메탄을 각각 질소와 이산화탄소로 산화시킨다. 산화되기까지 걸리는 시간도 매우 짧아서 오랫동안 지구를 온난하게 유지하기는 거의 불가능하다는 사실을 알게 된 것이다.

한편 1970년대 후반부터 1980년대 전반까지 대기에 이산화탄소 농도가 짙어지면 온실효과는 더욱 강해진다는 사실이 제기되었다. 그리고 태양복사가 현재의 70퍼센트밖에 되지 않아도 이산화탄소의 농도가 현재의 수백에서 수천 배 이상이면 충분히 온난한 환경이 만들어진다는 것도 알게 되었다.

이렇게 해서 어두운 태양의 패러독스는 과거 지구 대기에 대량의 이산화탄소가 존재했다고 가정하면 해결된다. 어두운 태양의 패러독스는 지구 대기의 구성이 시간과 함께 변화했다는 사실, 즉 지구 대기가 진화해왔다는 사실에 논리적으로 귀결된다. 이는 시사하는 바가 지극히 많은 문제 제기라고 할 수 있다.

그러면 실제로 대기의 이산화탄소 농도는 태양의 진화에 따라 어떻게 감소했을까? 태양이 점점 밝아지면서 미치는 영향을 정확히 상쇄할 만큼 이산화탄소의 농도가 점차 감소했다고 한다면 지구는 언제나 현재와 같은 온난한 환경을 유지해왔을 것이다. 그러나 이처럼 딱 맞아떨어지는 상황이 과연 일어났을까?

만약 이산화탄소의 농도가 크게 늘거나 줄어드는 상황이 발생했다면 지구는 생물이 생존할 수 없을 정도로 기온이 높거나 혹은 지구 전체가 얼어붙어버렸을 것이다. 이러한 파국적인 변동이 빈번하게 일어났다면 지구환경은 결코 안정적이라고 할 수 없다. 그러나 지구에 생명이 존재하고 끊임없이 진화해왔다는 점에서 지구환경은 장기간에 걸쳐 안정적이었을 것이다. 이에 다음 절에서는 지구환경의 장기적인 안정성에 대해 생각해보고자 한다.

2. 탄소순환이란?

대기의 이산화탄소 농도는 '탄소순환carbon cycle' 시스템에 의해 조절된다(그림 3-2). 탄소순환이란 지구에서 일어나는 물질의 순환 시스템 중 하나로 이러한 '물질 순환 시스템'이 존재한다는 사실은 지구의 큰 특색이라고 할 수 있다.

지구에 존재하는 물질은 장기적으로 보면 항상 움직이고 있다. 앞에서 이미 이산화탄소와 같은 휘발성 성분은 지구 내부의 화산 활동 등에 의해 지표로 탈가스화했다고 이야기했다. 그러나 이것은 탄소순환 과정의 하나에 지나지 않는다.

탄산염 광물과 규산염 광물

대기의 이산화탄소는 물에 녹기 쉬운데 물에 녹으면 탄산이 된다. 탄산

[그림 3-2] 지질학적 시간 규모의 탄소순환

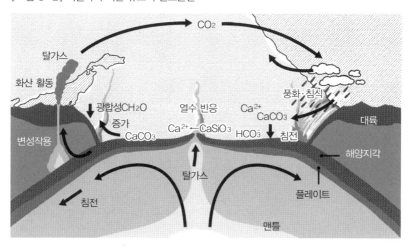

은 약산성이지만 오랜 시간이 지나면 대륙지각을 구성하는 규산염 광물(규소를 포함한 광물)을 녹이게 된다. 이것이 화학적 풍화작용이다. 앞서 언급했듯이 풍화작용에 의해 다양한 양이온이 암석에서 빠져나온다. 이들은 하천을 통해 해양으로 운반된다.

해양에서는 탄산수소 이온과 이들 양이온이 반응해 주로 탄산칼슘 등의 탄산염 광물이 침전된다. 여기에서 중요한 것은 육상에서 규산염 광물의 풍화작용이 일어나면 결과적으로 해수에 탄산염 광물이 침전된다는 점이다. 다시 말해 대기 중의 이산화탄소는 이 일련의 과정을 거쳐 탄산염 광물로 고정된다.

아울러 탄산칼슘이 주성분인 퇴적암을 석회암이라 한다. 현재 밝혀진 바로는 대부분의 경우 탄산염의 침전에 생물이 관여한다. 이를테면 유공충foraminifera이나 코콜리스coccolith 등의 플랑크톤이다. 일본 오키나와의

토산품으로 유명한 '호시노스나星の砂'는 유공충의 껍질이다. 산호초 또한 석회암으로 이루어져 있다.

탄산염 광물은 융기해 육상에 노출되면 풍화작용을 거쳐 다시 탄산수소 이온과 양이온으로 바뀌어 해양으로 돌아간다. 해양에서는 이들 탄산수소 이온과 양이온이 반응해 다시 탄산염 광물로 침전한다. 그러나 육상에서 탄산염 광물의 풍화와 해양에서 탄산염 광물의 침전으로는 대기 중의 이산화탄소가 실질적으로 고정되지는 않는다. 탄소는 이런 일련의 과정을 거치며 육상에서 해양으로 이동하기만 할 뿐 실질적으로는 아무것도 바뀌지 않기 때문이다. 이에 반해 규산염 광물의 풍화작용은 이산화탄소를 실질적으로 고정하는 결과를 낳는다는 점이 중요하다.

이산화탄소의 고정

이처럼 규산염 광물의 풍화작용과 탄산염 광물의 침전은 일련의 과정이라고 볼 수 있다. 사실 이것이야말로 초기 대기에 대량으로 포함되어 있었던 것으로 추측되는 이산화탄소를 고정해온 주요 과정이다. 물론 초기 지구에서는 탄산염 광물의 침전이 무기적으로 일어났을 것이다.

생물은 광합성 작용을 하여 이산화탄소를 고정하고 유기 탄소를 생합성한다. 이 또한 이산화탄소의 중요한 소비 과정이다.

심해저에 퇴적된 탄산염 광물이나 유기 탄소는 해양판의 움직임에 따라 이동하고 대륙 연안부의 해구에서 일부는 대륙 쪽으로 붙고 나머지는 지구 내부로 가라앉는다. 이때 일부는 열분해되어 일본열도 등 섭입대sub-duction zone의 화산 활동에 의해 다시 지표로 탈가스화하는 것으로 알려져 있다. 이렇듯 탄소는 지구를 순환한다. 이것이 탄소순환이다.

아울러 지구온난화 문제에서도 탄소순환이 주목받고 있는데, 이는 시간의 규모가 전혀 다른 문제이다. 지구온난화는 수년에서 100년 정도의 시간을 두고 발생하는데, 이것은 지질학적으로 보면 매우 짧은 시간이다. 이런 규모의 시간으로 이산화탄소의 순환을 지배하는 과정은 대기와 바다, 생물권의 이산화탄소 분배와 관련된 것이다. 예를 들면 해수에서의 이산화탄소 용해, 육상의 삼림 혹은 해양의 식물 플랑크톤에 의한 탄소 고정 등이다.

그렇다면 장기적으로 대기의 이산화탄소 농도는 어떻게 조절되는 것일까? 이것이야말로 지구환경의 안정성을 결정하는 요인임이 분명하다. 이것에 대해 살펴보자.

3. 지구환경이 안정된 이유

풍화작용

대기의 이산화탄소 농도는 이산화탄소의 공급과 소비의 균형에 의해 결정된다. 당연히 지구환경의 장기적인 안정성도 이 과정과 밀접한 관련이 있다.

장기적인 탄소순환에서는 풍화작용이 매우 중요한 역할을 한다. 특히 규산염 광물의 풍화작용은 해양에서의 탄산염 광물의 침전과 연동해 실질적으로 이산화탄소를 고정하는 중요한 과정이다. 사실 이 과정이야말로 지구환경의 장기적인 안정성을 담당하고 있다고 할 수 있다.

규산염 광물의 풍화작용이라는 것은 일반적인 화학반응과 마찬가지로 온도에 좌우된다. 즉 풍화작용은 온도가 높을수록 빠른 속도로 진행되고 낮을수록 진행이 더디다.

여기에서 말하는 '온도'는 지금의 경우 풍화작용이 발생하는 장소의

'기후'를 반영한 것이다. 즉 풍화작용은 지구의 기후 상태에 크게 좌우된다. 다시 말해 이산화탄소는 기후에 따라 소비량이 다른데, 열대처럼 따뜻한 기후에서는 이산화탄소의 소비가 크고 극지방처럼 한랭한 기후에서는 이산화탄소가 거의 소비되지 않는다. 따라서 서로 다른 기후가 이산화탄소의 농도를 조절하고 있는 것이다.

예를 들어 평형상태에 있던 기후 시스템이 어떤 이유로 한랭화되었다고 가정하자. 그러면 풍화작용이 거의 진행되지 않기 때문에 이산화탄소의 소비가 줄어든다. 한편 화산 활동은 기후 상태와는 상관이 없으므로 현재 추정되는 시간 규모로는 이산화탄소의 공급이 일정하다고 본다. 결과적으로 이산화탄소의 소비보다 공급이 훨씬 많기 때문에 대기에는 이산화탄소가 축적되어 온실효과가 강해진다. 그 결과 기후 시스템은 원래 상태로 돌아가게 된다.

반대로 기후 시스템이 갑자기 온난화되었다고 가정하자. 이런 환경에서는 풍화작용이 촉진되므로 이산화탄소의 소비가 늘어나 대기 중의 이산화탄소는 줄어든다. 결과적으로 온실효과도 약해져 마찬가지로 기후 시스템은 원래 상태로 돌아간다.

이는 원인을 약화시키는 결과를 불러오는 일련의 작용이다. 이 같은 작용을 일반적으로 '음의 피드백 작용'이라고 한다. 음의 피드백은 시스템을 폭주하게 하는 '양의 피드백 작용'과는 반대되는 작용으로 시스템의 폭주를 제어한다. 이른바 시스템의 안정화 메커니즘이다.

워커 피드백

말하자면, 지구의 기후 상태는 이 음의 피드백 작용이 존재함으로써 장기적인 안정을 유지해왔다고 생각된다. 이 작용은 제창자인 미시간대학교의 제임스 워커James Walker의 이름을 따서 '워커 피드백Walker feedback'이라고도 불린다. 만약 이 같은 음의 피드백 작용이 없다면 지구의 기후 상태는 크게 바뀔 것이다. 온난화가 시작되는가 싶다가도 금세 기온이 올라가 생물이 살 수 없는 고온 환경이 되어버린다. 이와는 반대로 기온이 점점 떨어져 순식간에 지표의 물이 얼어붙는 전 지구 동결 상태가 되어버리기도 한다.

바꿔 말하면 만약 지구가 이러한 극단적인 기후 변동을 반복하여 경험한 적이 없다면 지구의 기후를 안정시키는 메커니즘이 존재했고 그것은 아마도 워커 피드백이었을 거라는 말이다.

음의 피드백은 시스템의 평형상태가 깨졌을 때 그것을 원래 상태로 되돌리려는 움직임이다. 다시 말해 시스템의 폭주를 억제하기는 하지만 시스템을 항상 동일하게 유지하는 역할을 하지는 않는다. 시스템의 경계 조건이 바뀌면 시스템의 평형상태 자체가 바뀌어버리기 때문이다.

예를 들어 화산 활동이 활발하다면 대기로 공급되는 이산화탄소의 양이 늘어나 기후 시스템의 평형상태는 온난한 환경이 된다. 반대로 화산 활동이 정체되면 이산화탄소 농도는 저하되고 기후 시스템의 평형상태는 한랭한 환경이 된다. 사실 이것이 장기적인 기후 변동의 원리이다. 지구의 기후 상태는 탄소순환에 관련된 여러 가지 과정이나 조건에 따라 변화한다. 제5장에서 실례를 소개하기로 하겠다.

4. 이산화탄소 농도의 변천

그러면 지구 역사 초기에 존재했을 것으로 보이는 이산화탄소가 주성분인 대기는 어떻게 현재의 대기로 진화했을까? 이 문제에 대한 정확한 답을 아는 것은 아니다. 과거 대기의 이산화탄소 농도가 어느 정도였는지를 추정하기란 상당히 어렵기 때문이다. 여기에서는 이론적으로 추정되는 이산화탄소 농도의 변천을 살펴보자.

지구는 식어가고 있다

지구의 역사에는 커다란 변화를 가져왔을 것으로 추측되는 여러 가지 기후 요인이 있다. 예를 들어 태양은 과거로 거슬러 올라갈수록 어두웠다는 사실은 앞에서도 언급했다. 또한 지구 내부의 온도는 과거로 거슬러 올라갈수록 높았을 것이므로 화산 활동도 그만큼 활발했을 것이다.

이미 알려졌듯이 지구 내부는 탄생 이래 서서히 식고 있다. 이것을 지구의 '열 진화'라고 한다. 지구 내부의 온도가 높았기 때문에 지구 표면으로 열을 방출하면서 서서히 냉각된 것이다. 다만 지구 내부의 '맨틀'이라 불리는 영역에서는 암석에 포함된 우라늄이나 토륨, 갈륨 등의 방사성동위원소가 복사 붕괴하면서 열이 발생되어 냉각에 제동이 걸렸다. 실제로 복사 붕괴에 의한 발열이 없었으면 지구는 탄생하고 나서 수천만 년 안에 완전히 식어 화산 활동도 멈췄을 것이다. 이는 행성의 '죽음'을 의미한다. 그러나 방사성동위원소라는 '열원heat source'이 있기 때문에 지구 내부는 지금까지도 여전히 뜨거운 상태를 유지할 수 있었으며 화산 활동도 활발한 것이다. 지구는 앞으로도 한동안 활동적인 행성으로 존재할 것이다.

지구의 열 진화에 관한 연구에 따르면 과거로 거슬러 올라갈수록 지구 내부의 온도가 높고 따라서 맨틀의 대류 현상이 활발해 화산 활동도 격렬했던 것으로 예상된다. 그렇게 되면 대기에 방출되는 이산화탄소도 많았을 것이므로 지구환경은 과거로 거슬러 올라갈수록 고온이었을 가능성이 크다.

대륙 성장 모델

한편 지구에는 화강암질의 대륙지각이 존재한다. 화강암은 현재로서는 지구에서만 발견되는 특별한 암석으로 밀도가 낮다. 그래서 맨틀 위에 떠 있고 바다 위로 드러나 육지를 이루고 있는 것이다. 해양지각을 구성하는 현무암은 지구 내부의 물질이 녹아서 이루어진 것이다. 한편 대륙지각을 구성하는 화강암은 현무암이 다시 물에 녹아서 형성되었을 것이다. 다시 말해 화강암이 형성되려면 '물'이 필요하다. 그래서 지구에만 존재하는 특별한 암석이라고 할 수 있다.

대륙의 성장을 둘러싼 다양한 논의가 있지만 아직 확실하게 말할 수 있는 것은 없다. 앞서 언급했듯이 지구 역사의 초기에도 화강암이 형성되었다는 증거가 있다. 다만 현재처럼 거대한 대륙지각을 구성한 것은 아니었던 것 같다. 오히려 대륙지각은 지구 역사 중반에서야 형성된 듯하다. 그 증거로 해저 퇴적물의 구성이 30억 년에서 25억 년 전 사이에 크게 변했다는 사실을 들 수 있다. 이 점으로 미뤄 대륙지각은 지구 역사 중반에 급성장했을 것이라는 대륙 성장 모델이 힘을 얻고 있다. 그리고 지구 역사 전반에는 대륙이 적었을 가능성이 크다.

이는 탄소순환이라는 관점에서 매우 큰 의미가 있다. 현재 규산염 광물의 풍화작용은 주로 육상에서 일어난다. 그 결과 워커 피드백이 효과적으로 작용해 장기적으로 안정적인 지구환경이 유지됐다는 것이다. 그런데 대륙이 적었다고 하면 현재와는 상황이 근본적으로 달라진다. 극단적으로 대륙지각이 존재하지 않으면 풍화작용은 해저에서만 일어난다. 탄산염 광물은 해저 열수공 등에서 직접 침전했을 가능성도 생기는 것이다. 현재와는 탄소순환 시스템 자체가 다른 것이다.

대략적으로 본 지구환경의 변천

　이러한 기후 형성 요인의 변화를 고려해 지구 대기의 이산화탄소 농도가 어떻게 감소했는지를 조사한 것이 그림 3-3이다. 이 조사는 30억 년 이전의 지구상에는 현재 지표 면적의 100분의 1 정도의 육지밖에 존재하지 않았고 30억 년 이후에 대륙지각이 급성장했다는 대륙 성장 모델을 가정하고 있다.

　그림 3-3은 지구 역사 중반에는 기본적으로 대기의 이산화탄소 농도가 짙고 기온도 높았다는 것을 보여준다. 이는 당시 화산 활동이 현재보다 격렬하고 대륙의 면적이 현재보다 작았던 결과이다. 즉, 태양이 지금보다 어두워도 지구가 고온 환경을 유지했다는 것을 보여주는 결과이다.

　한편 30억 년 이후에는 대륙지각이 급격히 성장해 현재와 같은 탄소순환이 가능해졌고 이산화탄소의 농도가 줄어 기온도 현재와 비슷해졌을 것으로 예상된다. 이러한 진화의 움직임은 지금까지 알려진 과거의 기후에

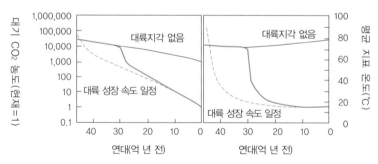

[그림 3-3] **지구 대기 중 이산화탄소 농도의 변천**

대륙이 30억 년 전부터 급성장했다고 보는(굵은 실선) 탄소순환 모델을 사용한 추정치.

대한 정보와 맞는다.

예를 들면 퇴적암을 구성하는 산소의 동위원소 비율 등을 이용해 과거의 해수 온도를 추정하는데 지금까지 얻은 추정 결과를 보면 30억 년 이전의 해수 온도는 60~120도였음을 나타낸다. 또한 빙하 퇴적물은 약 29억년 전부터 나타나기 시작하는데 30억 년 이전에는 이러한 퇴적물이 발견되지 않는다. 나아가 가장 오래된 생물의 계통은 극고온성 세균이나 고온성 세균으로 불리는 내열성 박테리아이다. 이는 초기 지구환경이 고온이었다는 이론을 강하게 뒷받침해준다.

여러 가지 조건들이 변하면서 지구환경은 탄소순환을 통해 그림 3-3처럼 변천해왔을 가능성이 크다. 다만 이는 진화의 대체적인 경향을 나타낸것으로 실제로는 더욱 짧은 시간에 다양한 변동이 있었을 것이다.

5. 메탄의 역할

고古이산화탄소 농도의 추정

지질 기록을 토대로 과거 대기의 이산화탄소 농도(고古이산화탄소 농도)를 추정하는 것은 매우 어렵다. 그럼에도 여러 가지 방법을 사용해 과거 수억 년 동안의 이산화탄소 농도를 추정한 기록들은 많다. 그러나 그보다 이전 시기에 관한 정보는 거의 없다.

이런 가운데 중국에서 약 14억 년 전의 지층에서 발견된 생물 화석을 이용해 당시의 이산화탄소 농도를 추정한 연구가 한 건 있다. 식물성 플랑크톤은 외부의 이산화탄소를 세포 내로 흡수해 광합성을 한다. 이때 탄소 동위원소 가운데 무거운 탄소13보다 가벼운 탄소12를 더 많이 흡수하는 성질이 있는데, 이산화탄소는 세포 내로 흡수된 뒤 효소가 관여하는 광합성을 하는 과정에서 탄소 동위원소의 조성비가 바뀐다. 이처럼 동위원소의 조성비가 바뀌는 과정을 '분열 효과'라고 하고, 이 효과의 크기는 대기의 이산화탄소 농도에 따라 달라진다. 이 성질을 이용하면 유기물에 포함된 탄소 동위원소의 조성비로 그 당시 대기의 이산화탄소 농도를 역으로 추정할 수 있다.

이 연구는 몇 가지 분명하지 않은 점이 있지만, 약 14억 년 전 대기의 이산화탄소 농도는 현재의 10~200배 정도였다는 사실을 알게 되었다. 이는 이론적으로 예상한 당시 이산화탄소 농도의 범위에 들어가므로 과거의 이산화탄소 농도가 현재보다 높았다는 증거로 간주된다.

이보다 이전 시대에 대한 연구로는 '고토양paleo soil'이라 불리는 옛 토양을 이용해 이산화탄소의 농도를 추정한 예가 단 한 건 있다. 지금으로부터 22억 년에서 27억 5000만 년 전에 형성된 고토양의 공통되는 특징으로 철을 포함한 탄산염 광물이 존재하지 않는다는 점을 들 수 있다. 이는 당시 대기의 이산화탄소 농도가 엷었기 때문으로 해석할 수 있다. 이런 사실을 생각하면 이 시기의 이산화탄소 농도는 현재의 133배를 넘지 않았던 것 같다. 그러나 이런 결과가 나오자 이론적으로 추정한 당시의 이산화탄소 농도에 비해 결과 값이 약간 낮다는 것이 문제가 되었다. 왜냐하면 만약 이 결과가 옳다면 이산화탄소의 농도가 짙어서 과거 지구의 기온이 온난하게 유지되었다는 생각이 정말로 옳은 것인지가 의심스러워지기 때문이다. 이 결론에 따르면 적어도 20억 년 전쯤 이산화탄소의 농도가 온난한 환경을 유지할 수 있을 정도로 짙지는 않았다는 결과가 된다.

이러한 연구 결과를 받아들이는 두 가지 방법이 있다. 하나는 이 연구의 방법이나 해석이 적절하지 않거나 분석한 암석 시료가 후대에 변질되었다는 것이다. 간단히 말하자면 이 결과를 신뢰할 수 없다는 뜻인데, 이는 전혀 가능성이 없는 이야기가 아니다. 또한 이 결과를 뒷받침하는 다른 연구가 하나도 없다는 것이 결과를 신뢰하지 못하는 이유 중 하나이다. (물론 이 점은 이러한 연구가 어렵다는 방증이기도 하다.)

또 다른 방법은 이 결과가 옳다고 보고, 당시 지구환경이 어떻게 온난한 상태를 유지했는지에 대해 근본적으로 재검토하는 것이다. 태양이 어두웠을 뿐만 아니라 대기의 이산화탄소 농도도 옅었다고 한다면 지구는 도대체 어떻게 온난한 환경을 유지할 수 있었던 것일까?

메탄균

22억 년 이전에는 아직 대기 중의 산소 농도가 옅었다(제4장 참조). 지금으로 말하면 '혐기적'인 환경, 즉 지금은 산소가 거의 없는 땅속이나 해저 퇴적물 속에서 사는 생물들이 이러한 환경에서는 지구의 곳곳에서 활동했을 것이다. 그중에서도 '메탄균' 혹은 '메테인세균'이라 불리는 수소와 이산화탄소를 이용해 메탄을 만들어 에너지를 얻는 생물을 주목해보자.

학자들은 지구 생물을 크게 '고세균archaea' '진정세균eubacteria' '진핵생물eukaryote' 등 세 종류로 구분한다. 인류를 포함한 동물이나 식물은 모두 진핵생물이다. 메탄균은 고세균에 속하며 고온에도 잘 적응한다. 메탄균은 35억 년 전부터 존재해왔다는 연구도 있다.

메탄균은 현재 해저 퇴적물이나 토양 혹은 생물의 소화기관에서 볼 수 있으며 다른 미생물이 유기물을 분해할 때 발생하는 수소에 의존해 살아간다. 예를 들어 해저 퇴적물에 함유된 유기물은 혐기성 세균의 활동으로 이산화탄소와 수소로 분해되는데, 메탄균은 이렇게 만들어진 이산화탄소와 수소를 사용해 메탄을 생성한다. 다만 메탄균이 서식하는 퇴적물 바로 위에는 메탄산화균이 해수에 풍부한 산소 또는 황산 이온을 이용해 메탄을 산화시키고 이 과정에서 에너지를 얻는다. 현재는 메탄산화균의 활동으로 생성된 메탄의 대부분이 산화된다.

그러나 산소가 없는 환경에서는 현재와 상황이 많이 달랐을 것이다. 대기 중의 산소 농도가 옅었을 때는 해수의 황산 이온 농도도 상당히 옅었을 것이다. 왜냐하면 황산 이온의 공급원이 육지에 존재하며 산화적 풍화작용을 거친 황철광(철과 유황으로 이루어진 광물)이기 때문이다. 산화적 풍화라는 것은 말 그대로 산소에 의한 산화를 동반하는 풍화작용을 말한다. 산소가 존재하는 환경에서는 황철광이 산소에 의해 산화되어 황산 이온이 되고 하천으로 흘러들어 해양에 공급된다. 그러나 산소가 없는 환경에서는 황철광이 산화되지 않기 때문에 해양에 황산 이온이 공급되지 않는다. 따라서 대기에 산소가 없으면 해수 중의 황산 이온 농도도 매우 옅어진다.

이처럼 산소와 황산 이온이 없는 환경에서는 메탄균이 생성한 메탄이 거의 산화되지 않는다. 오히려 메탄균이 곳곳에서 활동했을 가능성이 있다. 현재는 해저 퇴적물과 같이 산소가 차단된 한정된 곳에서 서식하지만 대기의 산소 농도가 짙어지기 전에는 그 활동 영역이 해수 이곳저곳으로 넓었을 가능성이 크다. 이런 메탄균이 생성한 대량의 메탄이 대기로 방출되었을 것이므로 대기의 메탄 농도가 증가하고 그로 인한 온실효과로 지표 온도가 상승했을 가능성도 있다.

사실 지금도 축사나 논에서 메탄가스가 대량으로 발생하고 있다. 이때 발생한 메탄가스도 지구온난화의 주범 가운데 하나이다.

메탄의 역할

미국 펜실베이니아주립대학교의 제임스 캐스팅James Kasting 등에 의하면 대기에 산소가 거의 없었던 약 22억 년 이전에는 메탄 방출량이 현재의 10배 이상이었을 것이고 그 결과 대기 중의 메탄 농도도 100ppm 정도였을 가능성이 있다고 한다. (참고로 메탄 농도는 현재 1.8ppm 정도이다.) 물론 앞서 언급했듯이 대기 중의 메탄은 수증기가 광분해되어 만들어진 수산기(–OH)에 의해 산화되지만 발생량이 많으면 대기에 축적된다. 게다가 메탄은 매우 강력한 온실가스이기 때문에 그 양이 100ppm이나 되면 이산화탄소가 전혀 없어도 지구를 온난하게 만들 수 있다. 이러한 사실은 당시 이산화탄소의 농도가 옅었더라도 온실효과를 충분히 일으킬 정도의 메탄이 있었다는 것을 시사한다.

그렇다면 앞서 설명한 워커 피드백은 거짓이었을까? 그렇지는 않다. 만약 정말로 이산화탄소의 농도가 옅었다면 그것은 워커 피드백이 기능한 결과이다. 이는 대체 어떤 까닭일까?

대기로 방출되는 메탄의 양이 많아져 농도가 증가했다고 생각해보자. 메탄으로 인한 온실효과로 지구의 평균온도가 상승한다. 그러면 풍화작용이 촉진되어 대기 중의 이산화탄소 소비량이 늘어나 그 농도는 옅어진다.

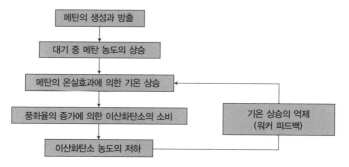

[그림 3-4] 메탄 농도의 증가와 이산화탄소 농도 저하의 관계

메탄의 생성과 방출 → 대기 중 메탄 농도의 상승 → 메탄의 온실효과에 의한 기온 상승 → 풍화율의 증가에 의한 이산화탄소의 소비 → 이산화탄소 농도의 저하 / 기온 상승의 억제 (워커 피드백)

즉 워커 피드백이 작용해 대기의 이산화탄소 농도가 옅어지고 지구 시스템은 평균온도가 상승하지 않도록 반응한다(그림 3-4).

따라서 탄소순환에서 음의 피드백 작용은 이러한 상황이 발생해도 지구환경의 안정화에 공헌해왔음이 틀림없다.

생명의 탄생과 산소의 증가

1. 광합성 생물의 탄생

　지구 대기의 특징 가운데 하나는 주성분이 이산화탄소가 아니라 산소라는 점이다. 그래서 이번에는 산소가 언제, 어떻게 지구 대기의 주성분이 되었는지 생각해보자.

　행성의 표층 환경에서 산소 분자는 열역학적으로 불안정한 데다 철 등을 함유한 지표 광물이나 환원적인 구성을 지닌 화산 가스의 산화에 이용되면서 사라져버린다. 그럼에도 산소가 현재 지구 대기의 21퍼센트 정도를 차지하고 있는 것은 소비되는 만큼 새롭게 생성되고 있기 때문이다. 이 산소를 생산하고 있는 것은 바로 생물이다.

산소 발생형 광합성 생물

　생물은 이산화탄소와 물, 태양광을 이용해 유기물을 생합성하고 그 부

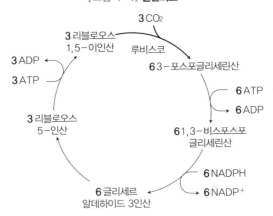

[그림 4-1] 캘빈회로

3 CO₂

3 리블로오스
1,5-이인산

3 ADP
3 ATP

루비스코

6 3-포스포글리세린산

6 ATP
6 ADP

3 리블로오스
5-인산

6 1,3-비스포스포
글리세린산

6 NADPH
6 NADP⁺

6 글리세르
알데하이드 3인산

산물로 산소를 방출하는 광합성을 한다. 이것을 '산소 발생형 광합성'이라고 한다. 사실 광합성에는 산소를 발생하지 않는 형태도 있는데, 생물의 진화에서 산소 비발생형 광합성 생물이 먼저 탄생했고 이어서 산소 발생형 광합성 생물로 진화한 것으로 보인다.

산소 발생형 광합성은 크게 두 개의 과정으로 구성된다. 빛 에너지를 화학 에너지로 변환하는 광화학반응(명반응)과 광화학반응으로 만들어진 물질과 이산화탄소, 물을 이용해 유기물을 만드는 반응(암반응)이다. 암반응을 담당하는 것이 캘빈회로Calvin cycle 혹은 캘빈벤슨회로라 불리는 것으로 탄산으로부터 녹말이 생성되는 대사 회로이다. 거의 모든 광합성 생물(녹색 식물이나 광합성 세포)이 이 방식을 이용한다(그림 4-1).

캘빈회로에서는 '리블로오스1,5-2인산 카르복실라아제'라 불리는 효소, 즉 단백질이 탄산 고정 반응을 담당하고 있다. 이 효소는 줄여서 '루비스코RuBisCO'라 불리며 식물에 대량으로 존재해 지구에서 가장 많은 단백질이라고 한다.

이 효소 반응은 앞서 언급했듯이 세포에 흡수된 탄소12와 탄소13 가운데 가벼운 탄소12를 먼저 고정하는 성질(탄소 동위체의 분별 효과)로 유명하다. 이러한 특징은 그린란드 서부 이수아나 아킬리아 섬에서 발견된 가장 오래된(약 38억 년 전) 퇴적암 속에서 얻은 유기물에서도 나타난다는 연구가 있다. 적어도 그보다 늦은 시기의 유기물에는 이러한 특징이 보편적으로 나타나는 것으로 알려져 있다. 따라서 캘빈회로는 상당히 오래된 대사 경로인 것이다.

한편 광화학반응 과정에서는 빛 에너지를 흡수해서 색소 분자를 들뜨게 하여 물질의 산화·환원에 이용한다. 산소 발생형 광합성에서는 광화학계 I과 II라는 두 개의 시스템이 관여하는데, 물은 전자를 방출하는 물질 즉, 물을 전자 공여체로 이용해 산소를 발생시킨다. 그러나 광화학계 I과 II는 독립적인 시스템으로 보인다. 그 이유는 광화학계 두 가지 가운데 하나밖에 없는 생물이 존재하기 때문이다. 예를 들어 녹색 유황 세균은 광화학계 I, 홍색 광합성 세균은 광화학계 II밖에 없다. 이들 광합성 세균은 광합성을 하지만 산소를 만들지 않는다.

아마도 광합성 자체는 생명이 탄생하고 얼마 뒤에 확립되었지만 광화학계 I과 II가 연계해 물을 분해하고 산소를 만들어내기까지는 상당한 시간이 걸린 듯하다. 서로 다른 생물 종 사이에서의 유전자 전달, 즉 유전자의 수평 전달에 의해 광화학계 I과 II를 처음으로 함께 갖춘 생물은 남조류라고도 불리는 시아노박테리아cyanobacterium이다.

생물의 화석인가, 아닌가?

현재 시아노박테리아의 출현 시기를 둘러싼 논의가 한창이다. 오스트레일리아 서부에 있는 약 35억 년 전 지층에서 필라멘트 모양의 미세화석microfossils이 발견되었는데, 사람들은 그것을 시아노박테리아의 화석이라고 믿었다. 이 화석은 고등학교 교과서에도 실릴 정도로 많은 사람의 지지를 받았다. 그런데 2002년 『네이처』에 이런 믿음을 뒤엎는 논문이 게재되었다. 문제의 미세화석이 현무암 속에 끼어 있는 석영맥quartz vein의 내부에서 발견되었다는 것이다. 지질학에 대해 알고 있는 사람이라면, 이는 있을 수 없는 일임을 알 것이다. 현무암 속의 석영맥은 분명히 심해저 환경을 의미하기 때문이다. 현무암은 해양지각을 구성하는 암석이고 석영맥은 열수熱水가 지나는 길을 따라 해양지각 내부에 형성되는 것이다. 광합성을 하는 생물이 사는 환경은 햇빛이 닿는 얕은 바다여야만 하는데, 이와는 전혀 다른 환경이다. 『네이처』에 실린 논문에서는 이 화석에서 발견되는 박테리아 같은 구조는 무기적으로 만들어진 것이며 생물 화석이 아니라고 주장했다. 그러나 이것이 만약 생물 화석이라면 심해저의 해저 열수공에 서식하는 초호열균과 같은 생물일 것이다.

본래 생물이 단단한 골격을 갖게 된 것은 고생대 캄브리아기, 즉 5억 4200만 년 전의 일이다. 그 이전의 생물 화석은 아주 한정적이다. 생물의 몸은 유기물로 이루어져 있어서 사후에는 대부분 분해되어버리기 때문에 살아 있을 때의 형태가 그대로 보존되는 것은 지극히 예외적인 현상이다. 설사 운 좋게 그러한 화석이 발견된다 해도 그것이 생물 화석이라고 말할 수 있는 근거가 무엇인지 확실치 않은 상황이다.

이러한 문제를 심각하게 인식하기 시작한 것은 1996년 화성 운석에서 박테리아 화석이 발견되고 나서부터이다. 이것이 정말 생물 화석이라면 화성에도 생물이 존재했다는 말이 되고, 이는 세기적인 대발견이라 아니 할 수 없다. 실제로 이 발견이 있고 나서 미국항공우주국NASA의 제창으로 '우주생물학'이라는 새로운 연구 분야가 만들어져 생명의 기원과 진화, 우주에서의 분포 등에 관한 연구를 적극적으로 추진하기 시작했다.

그러나 화성 운석에서 발견한 필라멘트 모양의 물질이 정말 박테리아인지, 아니면 무기적으로 형성된 구조인지를 판단할 수 있는 결정적인 근거는 아직 없다. 어떤 조건을 충족하면 그것을 생물 화석으로 인정할 수 있는지에 관한 '명확한 기준'이 없기 때문이다. 사실 오스트레일리아 서부에서 발견된 35억 년 전의 필라멘트 모양의 구조가 생물 화석인지에 관한 문제도 이와 마찬가지이다.

즉 지구의 생물과 닮은 화석의 진위를 판정할 때도 생물과 형태가 닮았다는 점 외에 결정적인 증거가 필요하다. 탄소 동위원소의 비 등 몇 가지 기준이 있기는 하지만 이런 것들은 다르게 해석할 수도 있기 때문이다. 상당히 오래된 지층에서 생물 화석으로 보이는 것들이 발견되기는 했지만 이러한 이유 때문에 난관에 봉착한 상태이다.

시아노박테리아는 언제 출현했는가?

시아노박테리아는 '스트로마톨라이트stromatolite'라 불리는 돔 모양의 구조를 형성하는 것으로 알려져 있다(그림 4-2). 지금의 산호초와 비슷하다고 할 수 있다. 오늘날에도 오스트레일리아의 하메린풀 등지에서 현세의 스트로마톨라이트를 볼 수 있다. 그러나 스트로마톨라이트 구조는 시생대 지층에서도 발견되기 때문에 그것이 시아노박테리아에 의한 것인지는 아직 확실치 않다.

시아노박테리아가 고유하게 생성하는 유기화합물을 지층에서 발견하면 그 시대에 시아노박테리아가 존재했다고 할 수 있다. 이러한 유기화합물을 '생물학적 지표', 즉 '바이오마커biomarker'라고 한다. 대개 바이오마커는 시간이 지나면서 온도 상승 등으로 변질되기 때문에 원형을 찾아보기는 어렵다. 그런데 1999년 약 27억 년 전의 지층에서 시아노박테리아의 바이오마커가 검출되었다는 연구가 미국의 과학 잡지 『사이언스Science』에 게재되었다. 만약 이것이 사실이라면 적어도 27억 년 전에 시아노박테리아가 출현했다는 것이 된다.

이 논문은 굉장한 논란을 일으켰는데, 2008년에 들어서 이 연구가 잘못됐다는 논문이 『네이처』에 실렸다. 이들 바이오마커는 23억 년 전이 아니라 그 이후에 유기화합물이 혼입된 것이라는 사실이 밝혀진 것이다. 따라서 시아노박테리아의 출현 시기에 관한 문제는 다시 백지 상태로 돌아가 버리고 말았다. 얼마 전까지만 해도 시아노박테리아가 약 35억 년 전에 출현했다고 고등학교 교과서에까지 실렸는데 지금은 알 수 없는 사실이 되

[그림 4-2] 남아프리카공화국에서 발견된 약 27억 년 전의 거대한 스트로마톨라이트

어버린 것이다.

　어쨌거나 산소 발생형 광합성 생물이 언제 출현했는가 하는 문제는 지
구 표층에 언제부터 산소가 방출되기 시작했는가 하는 문제와 밀접한 관
련이 있다는 점에서 매우 중요한 문제임은 틀림없다.

2. 산소 농도의 변화

그러면 대기의 산소 농도가 언제, 어떻게 늘어나기 시작했는지 생각해 보자. 이는 앞서 언급했듯이 시아노박테리아의 탄생과도 밀접한 관련이 있다. 먼저 대기와 해수 중에 산소가 어떻게 늘어나기 시작했는지에 대한 문제를 정리해보자.

스테이지 I – 빈산소貧酸素 상태

시아노박테리아가 탄생하기 이전의 지구에서는 광합성에 의한 산소의 공급이 없었기 때문에 대기나 해수에 산소가 거의 존재하지 않았을 것이다. 그렇다면 대기에는 산소가 전혀 없었을까? 그렇지는 않다. 그 이유는 대기 상공에서는 광화학반응으로 수증기가 분해되어 약간의 산소 분자가 생성되기 때문이다. 약간이라는 것이 어느 정도인가 하면 대략 10~13기

제4장 생명의 탄생과 산소의 증가

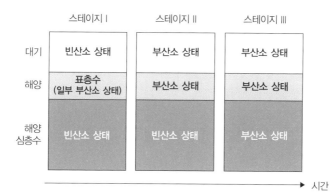

[그림 4-3] 지구 역사에서 산소 농도의 변천

	스테이지 Ⅰ	스테이지 Ⅱ	스테이지 Ⅲ
대기	빈산소 상태	부산소 상태	부산소 상태
해양	표층수 (일부 부산소 상태)	부산소 상태	부산소 상태
해양 심층수	빈산소 상태	빈산소 상태	부산소 상태

→ 시간

압 정도이다. 즉 대기의 10조 분의 1 정도의 비율이다. 이는 0에 가깝다. 이렇게 산소가 거의 없는 단계를 '스테이지 Ⅰ'이라고 부르기로 하자(그림 4-3).

이런 환경에서는 환원적인 광물이 지표에 안정적으로 존재할 수 있다. 예를 들어 황철광처럼 환원적인 광물은 현재의 지표에서는 산화적인 풍화 작용으로 분해되기 때문에 안정적으로 존재할 수 없다. 그러나 아주 오래 전에 하천의 작용으로 운반되어 퇴적된 것처럼 보이는 황철광 광상이 발견되기도 한다. 이러한 것은 현재와 같은 환경에서는 형성될 수 없으므로 대기에 산소가 거의 없었다는 증거가 된다. 이러한 퇴적성 황철광 광상은 14.5억 년 전의 것이 가장 이른 시기이다.

광합성을 하는 생물은 햇빛이 닿는 수심 100미터 이내의 해양 표층에서 활동한다. 광합성 생물이 탄생하면서 그 부근의 해수에 산소가 녹아들었을 것이다. 이전에는 산소가 거의 존재하지 않았지만 이제 국지적으로 존재하는 환경이 된 것이다.

스테이지 II – 일부 빈산소 상태

그런데 산소가 없는 환경에서 살아온 생물에게 산소는 해로운 물질이다. 원래 생물의 몸은 환원적인 유기화합물로 이루어져 있는데, 산소가 이를 산화시켜 분해해버리기 때문이다. 따라서 대기에 산소가 늘어나면 생물은 이러한 환경에서도 살아남는 능력을 획득해야 한다. 이는 생물의 세포 내에서 만들어지는 유해 산소인 '활성산소'를 분해하는 효소를 만들어냄으로써 가능했다. 호기적인 환경에서 살아갈 수 있게 된 생물은 산소를 이용해 다량의 에너지를 획득하는 산소 호흡을 하게 되었다. 이처럼 산소가 증가한 사건은 생물의 진화와 밀접한 관계가 있다.

해양 표층에서 생산된 산소는 얼마 지나지 않아 대기 중으로 흘러 들어가게 된다. 해양의 최상부는 대기와 뒤섞여 있다. 따라서 해양 표층수의 산소 농도가 증가하면 기본적으로는 대기의 산소 농도도 증가하기 마련이다.

그런데 해양의 표층수는 심층수와 좀처럼 섞이기 어렵다. 이는 해양 내부의 혼합 속도가 매우 느리기 때문이다. 현재의 해양은 북대서양 그린란드 앞바다에서 염분이 풍부한 해수가 차가워지면서 침강하여 대서양을 남하해서 남아프리카 앞바다에서 인도양을 경유해 태평양으로 흘러 들어가 마지막으로 북태평양까지 도달하기까지 2000년 정도 걸린다. 즉 해양 전체가 혼합되려면 수천 년의 시간이 필요한 것이다.

그러므로 대기와 해양 표층수에는 산소가 축적되어 있는데 해양 심층수에는 산소가 거의 녹아 있지 않은 상황이 발생한 것으로 보인다. 이렇게 부분적으로 산소가 존재하는 상황이 '스테이지 II'이다(그림 4-3).

이러한 조건에서는 해양 심층수에 환원적인 철 이온이 녹아 있을 수 있다. 2가 철 이온은 물에 녹는 성질이 있기 때문이다. 그런데 이 같은 심층수가 표층으로 올라오면 산소를 함유한 환경에 노출된다. 그렇게 되면 철 이온(Fe^{2+})은 산소와 결합·산화해 침전된다.

25억 년에서 20억 년 전에 산화철이 대량으로 침전된 것으로 알려져 있다. 이 산화철을 자세히 관찰하면 철과 이산화규소, 즉 실리카가 교대로 퇴적되어 줄무늬로 보이기 때문에 '줄무늬 철광상'으로도 불린다. 철 사이에 어째서 실리카가 끼어 있는지는 아직 설명하지 못하고 있다. 시아노박테리아가 번식하는 계절과 그 외의 계절이 반복된 것이 원인일지도 모른다는 주장이 있지만 정확한 것은 아니다. 그러나 어찌 되었건 이러한 것이 만들어지려면 스테이지 II와 같은 환경이 필요했던 것 같다. 막대한 양의 철을 침전시키려면 막대한 양의 철이 공급되어야 하고 이를 위해서는 철이 축적되는 장소가 필요하다. 산소가 녹아 있지 않은 심층수는 그 조건을 충족하는 환경이라고 할 수 있다.

스테이지 III – 산소가 풍부한 상태

얼마 후 대기와 해수에 대량의 산소가 축적되면서 오늘날과 같은 산소가 풍부한 환경이 형성된다. 이를 '스테이지 III'라고 한다.

이러한 환경에서는 기본적으로 더는 퇴적성 황철광 광상이나 줄무늬 철광상은 형성되지 않는다. 반대로 산소를 포함한 대기 환경에서의 산화적 풍화작용으로 지표 광물에 들어 있던 철이 산화해 그 자리에서 수산화철 혹은 산화철로 침전한다. 그 결과 붉은빛을 띤 토양이 형성된다. 이러한 '적색 토양'은 약 22억 년 전에 비로소 출현했다.

이렇게 생각하면 각 스테이지에서 예상되는 지질학적 증거와 연결함으로써 스테이지 사이의 변천 시기를 가늠할 수 있다. 그 결과 스테이지 II는 기간이 짧고 스테이지 I에서 스테이지 III로 넘어가는 시기는 24.5억 년에서 22억 년 전 정도일 것이다.

다만 줄무늬 철광상은 38억 년 전부터 형성되었으며 정말로 대기 중의 산소와 결합해 형성된 것인지 의문이 제기되고 있다. 실제로 줄무늬 철광상에 대해서는 태양의 자외선과 해수의 반응 또는 철산화 박테리아의 작용으로 형성되었을 가능성도 지적되고 있는 것이다. 따라서 적어도 24.5억 년 이전에 형성된 것은 산소의 증가와 직접적인 관련이 없을 수도 있다.

어쨌거나 24.5억 년에서 22억 년 전에 일어난 변화는 지구 표층의 산화·환원 환경을 크게 바꾼 역사상 일대 사건이 아닐 수 없다. 그때까지 번성했던 혐기성 생물은 산소가 거의 없는 해저 퇴적물 따위의 장소로 밀려났고 그 대신 호기적인 생물이 출현해 번성하게 되었다.

마침 이 시기를 조금 지난 약 19억 년 전의 지층에서 '그리파니아 스피랄리스Grypania spiralis'라 불리는 가장 오래된 진핵생물의 화석이 발견되고 있다. 진핵생물은 진정세균이나 고세균과는 달리 막으로 덮인 세포 내에

핵이 있다는 특징이 있다. 특히 세포 내에 미토콘드리아가 있고 산소 호흡을 한다는 점이 중요하다. 산소가 존재하는 환경이기 때문이다. 이때의 산소 농도는 최소 현재의 100분의 1 이상으로, 이 농도를 파스퇴르 포인트Pasteur point라고 한다. 즉 20억 년 전에는 산소 농도가 적어도 현재의 100분의 1 이상이었다는 것이다.

3. 산소의 급격한 증가

최근 산소 농도가 증가한 과정을 이해하는 데 새로운 진전이 있었다. 지금부터 산소 농도가 증가한 과정에 관한 두 가지 새로운 정보를 살펴보자.

대산화 사건

먼저 '대산화 사건Great Oxygenation Event'이라고 불리는 탄소 동위원소 비의 이상이 발견되었다. 광합성 생물은 광합성을 할 때 가벼운 탄소12를 우선해 흡수한다. 이에 따른 동위원소 비의 변화를 탄소 동위원소의 분별 효과라고 한다. 유기물이 퇴적물로 대량 보존되면 실질적으로 대량의 산소가 방출되는 동시에 대기나 해수에서는 가벼운 탄소12가 대량으로 제거되기 때문에 해수 속의 탄소12에 대한 탄소13의 비율이 증가한다. 이것이 탄소 동위원소 비의 '정이상正異常'이라 불리는 현상이다.

만약 22억여 년 전에 대기의 산소 농도가 급격하게 증가했다면 지층에는 탄소 동위원소 비의 정이상이 기록되었을 것이다. 1996년, 22억 2000만 년에서 20억 6000만 년 전의 지층에서 탄소 동위원소의 비가 유례가 없을 정도로 대규모의 정이상이 발견되었다. 이 정도로 대규모 정이상이 발생하려면 산소의 생산량이 현재 대기에 존재하는 산소량의 무려 12배에서 22배는 되어야 한다. 이 탄소 동위원소 비의 정이상은 '대산화 사건'으로 명명되었다. 즉 바로 이때 대기 중의 산소 농도가 급증했다고 생각하는 것이다.

그뒤 세계 각지에서 동시대의 지층을 조사했고 애초 하나의 커다란 정이상으로 여겼던 것이 실제로는 정이상이 여러 번 되풀이된 것인지도 모른다는 가능성이 제기되었다. 실제로 산소 농도의 증가는 어떻게 진행되었을까? 산소 농도는 서서히 늘어난 것이 아니라 갑자기 급격하게 증가했을지도 모르고 어쩌면 이 시기에 몇 번의 사건이 발생해 단계적으로 늘어났을 수도 있다. 혹은 늘거나 줄면서 전체적으로 증가했을지도 모른다. 탄소 동위원소 비의 움직임을 자세히 조사함으로써 가까운 장래에 산소 농도의 증가 역사에 관한 유력한 실마리를 얻게 될 것으로 기대한다.

황 동위원소 비의 이상

대기 중의 산소 농도가 증가한 것에 관한 또 다른 정보는 황 동위원소 비의 이상이 발견된 것이다. 황도 탄소와 마찬가지로 다양한 과정을 거치면서 동위원소의 비가 바뀌는데 그 변화는 동위원소의 질량에 의존한다. 동위원소는 화학적인 성질은 같지만 질량수가 다른 것을 말한다. 무게가 달라서 물리적인 움직임에는 차이가 있다. 즉 가벼운 것은 움직이기 쉽고 무거운 것은 움직이기 어려운 것이다. 질량 차이에 따른 동위원소 비의 변화는 동위원소의 '질량에 의존하는 분별 효과'로 매우 일반적인 현상이다. 그런데 황 동위원소의 '질량에 의존하지 않는 분별 효과'가 24억 년에서 25억 년 이전의 퇴적암에서 발견되었다는 연구가 2000년 『사이언스』에 게재된 것이다. 이러한 현상은 24.5억 년 이후의 퇴적암에서는 드물게 나타나고 20.9억 년 이후에는 전혀 볼 수 없다고 한다.

황 동위원소의 질량에 의존하지 않는 분별 효과가 발생한 원인은 아직 확실하게 밝혀지지 않았다. 그러나 아마도 태양의 자외선에 의한 대기 상층에서의 광화학반응에 기인하는 것으로 보고 있다. 실험을 통해 그러한 움직임이 발생하는 것을 확인했기 때문이다. 다만, 자세한 메커니즘은 아직 분명하지 않다.

이론적인 추정에 따르면 동위원소의 질량에 의존하지 않는 분별 효과의 영향을 받은 황 화합물은 산소 농도가 현재의 10만 분의 1 이상일 때는 지질에 흔적이 남지 않는다고 한다. 퇴적암의 기록에 따르면 이런 일이 일어난 것은 약 24.5억 년 전의 일이다. 대기 상공에서 발생한 황 동위원소의 질량에 의존하지 않는 분별 효과가 해저 퇴적물에 보존될 때까지 대체 어떤 과정을 거치는지 확실히 알려지지 않았다. 그런 의미에서 이 현상이 진정으로 의미하는 바가 무엇인지도 모른다고 해야 할 것이다.

그러나 이러한 현상이 발생하는 원인이 대기 상공에서 일어나는 광화학반응이라고 한다면 이는 다른 지질 기록과는 본질적으로 성격을 달리한다. 지금까지 논의된 그 밖의 현상들, 즉 앞서 얘기한 퇴적성 황철광 광상이나 줄무늬 광상, 적색 토양층 등은 많건 적건 그것들이 만들어진 지역적인 환경을 반영하고 있는 것이 아닌지 의심스럽지만 황 동위원소의 질량에 의존하지 않는 분별 효과가 대기에서 일어난 현상이라고 한다면 그것은 지구적인 환경을 반영하는 것이 되기 때문이다.

산소 농도는 왜 늘어났는가?

이처럼 다양한 지질학적 증거를 보면 대기 중 산소 농도의 급격한 증가는 24.5억 년에서 20.6억 년 전에 있었던 것으로 보인다(그림 4-4). 다만, 이것이 꾸준히 증가한 것인지 아니면 증가와 감소를 반복하면서 증가한 것인지는 아직까지 밝혀진 바 없다.

그러면 산소는 어째서 지구 역사의 중반인 이 시기에 급격하게 증가한 것일까? 이것은 커다란 수수께끼이다. 가장 단순하고 명쾌한 설명은 산소 발생형 광합성을 하는 시아노박테리아가 이 시기에 탄생했기 때문이라는 것이다. 시아노박테리아의 탄생 이전에는 산소가 생산되지 않았으므로 산소 농도가 옅었고, 탄생 이후에는 산소가 대량으로 생산되기 시작해 산소 농도가 급증했다는 것이다.

그 가능성은 분명히 충분하다. 지금까지는 시아노박테리아가 상당히 이른 시기에 출현했다고 생각했지만 앞서 언급한 것처럼 그 증거가 부정되고 있기 때문이다. 그러나 24.5억 년 전을 경계로 황 동위원소의 질량에 의

[그림 4-4] 지구 대기의 산소 농도 변화

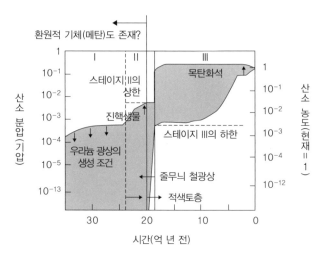

지질학적 증거를 토대로 추정(색깔 표시 영역은 추정의 상한과 하한). Kasting (1993)에 근거함.

존하지 않는 분별 효과가 보이지 않게 된 점으로 미뤄 시아노박테리아의 탄생은 그 무렵이었거나 그 직전이었을 가능성이 크다. 이 경우 산소는 그 전부터 계속해서 생산되고 있었지만 어떤 이유로 대기에 축적되는 데 시간이 걸렸다고 볼 수 있다. 그 이유는 대체 무엇일까?

한 가지 생각할 수 있는 원인은 대기나 해수에 환원적인 물질이 다량으로 존재해서 그 물질을 산화시키고 난 뒤에야 비로소 산소가 축적될 수 있었다는 것이다. 이는 충분히 있을 수 있는 이야기이다. 지구가 탄생한 직후 초기 대기가 환원적인 원소들로 구성되어 있었다는 것은 이미 제2장에서 살펴보았다. 이는 마그마 중에 금속 철이 포함되어 있었기 때문에 그것과 열역학적으로 평형을 이루려면 가스 성분이 반드시 환원적일 수밖에 없기 때문이다. 따라서 지구 내부에서 화산 활동 등에 의해 대기로 분출된

가스 성분도 상당히 환원적인 구성(예를 들면 수소 등이 다량 함유된 것)이었던 것으로 보인다.

그런데 현재의 지구 내부는 예상만큼 환원적인 상태가 아닌 것으로 알려져 있다. 다시 말해 시간이 흐르면서 지구 내부도 서서히 산화된 것으로 보인다. 이는 마그마에서 수증기가 탈가스화할 때 일부는 철의 산화에 사용되고 이 과정에서 생성된 수소가 탈가스화하는 것으로 여겨지기 때문이다. 수소는 가벼워서 우주 공간으로 날아가버린다. 시간이 지나면서 이런 과정이 반복되면 지구 전체가 일방적으로 산화된다.

그러면 지구 내부에서 탈가스화한 성분은 시간과 함께 점점 산화적인 구성으로 바뀌어갈 것이다. 그리고 어느 시점에서는 산소의 발생량이 환원적인 가스 성분의 탈가스 양을 웃도는 때가 온다. 이 시점이 마침 22억 년 전이었을 가능성은 충분하다. 그렇다면 대기에 산소가 축적된 것은 지구의 진화에 따른 필연적인 결과가 된다.

산소 농도의 수수께끼

대기의 산소 농도는 22억여 년 전에 급격하게 증가한 뒤 얼마 동안은 현재보다 낮게 유지되었던 것 같다. 이것이 지금으로부터 6억 년쯤 전에 다시 급격하게 증가해 현재와 같은 농도가 된 듯하다. 즉 산소 농도는 단계적으로 증가했다. 마침 이 시기에 전 지구 동결 사건이 발생했던 것으로 보인다. 전 지구 동결은 원생대 전기인 22억 년 전 무렵과 원생대 후기인 7억 년에서 6억 년 전에 발생했다. 따라서 전혀 다른 가설로 전 지구 동결 사건이 산소 농도의 증가를 가져온 것이 아닌가 하는 가능성도 있다. 그렇게 보면 마침 이들 시기에 산소 농도가 증가한 것과 조화를 이룬다. 이에 대해서는 제6장에서 다시 다루기로 하자.

다만 산소 문제에 대해서는 아직 밝혀지지 않는 것들이 많다. 대기 중의 산소 농도가 어떻게 결정되었는지 그 메커니즘은 아직도 확실하지 않다. 그래서 우리는 현재 어째서 산소가 대기의 21퍼센트를 차지하고 있는지조차 모르고 있다.

어쩌다 보니 그렇게 되었다는 것은 답이 될 수 없다. 현재 대기의 이산화탄소 농도에 필연성이 있는 것처럼 분명히 산소 농도에도 필연성이 있을 것이다. 게다가 산소의 생산량은 상당히 많아서 현재 대기에 존재하는 양을 생산하는 데 수백만 년 정도밖에 걸리지 않는다. 다시 말해 지질학적인 관점으로 보면 산소 농도는 단기간에 크게 바뀔 수 있다. 그런데 어째서 대기의 산소가 현재 농도에서 비교적 안정된 상태인 것일까? 산소 농도의 안정화 메커니즘을 해명해야 할 필요가 있다.

우주에서 지구를 관측했을 때 대기의 주성분이 산소라는 사실은 지구에 생명이 존재하는 증거이다. 태양계 밖의 다른 행성계에서 제2의 지구를 찾는 계획이 진행되고 있는데, 그곳에 생명체가 있는지는 바로 그 행성의 대기를 관측해 판단한다. 만약 행성의 대기에 산소가 있다면 그 행성에 생명이 존재할 수 있는 결정적인 증거가 된다. 그런데 우리는 지구 대기의 산소 농도가 어떻게 정해졌는지조차 아직 모른다. 이는 우리에게 남겨진 커다란 과제라고 할 수 있다.

극적으로 변화한 기후의 역사

1. 기후변동의 열쇠, 이산화탄소

지구의 역사는 기후변동의 역사이다. 온난한 시기와 한랭한 시기가 빈번히 교차했으며 완전히 똑같은 기후 상태가 유지되는 일은 없었다. 지구환경의 본질을 변동이라고 해도 지나치지 않다. 우리는 과거 시시각각 바뀐 지구환경의 역사에서 무엇을 배울 수 있을까?

이산화탄소 농도의 증감 이유

대기 중의 이산화탄소 농도가 지구의 역사에서 꾸준히 줄었다는 사실은 이미 제3장에서 언급했다. 이는 시간이 흐르면서 밝아지는 태양의 영향을 상쇄하도록 탄소순환 시스템이 작용한 결과이다. 즉 워커 피드백의 작용으로 지표 온도를 안정하게 유지하도록 이산화탄소 농도가 조절된 것이다. 이러한 사실과 기후가 항상 변동하고 있다는 사실은 어떤 관계가 있을까?

[그림 5-1] **지구 역사 속에서 나타난 이산화탄소 농도의 저하**

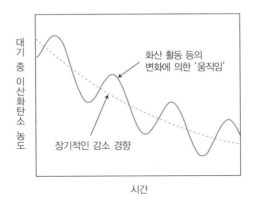

증가와 감소를 반복하면서도 전체적으로는 감소했다.

이 문제는 다음과 같이 생각해보면 어떨까? 다시 말해, 시간이 흐르면서 이산화탄소 농도가 준 것은 맞지만, 직선적으로 줄어든 것이 아니라 오랜 시간에 걸쳐 늘어나거나 줄어들면서 전체적으로는 감소한 것이다(그림 5-1). 그렇다면 본래 기대치보다 실제 이산화탄소 농도가 짙었던 시기는 '온난기', 옅었던 시기는 '한랭기'가 된다. 우리는 이러한 이산화탄소 농도의 변동을 장기적인 기후변동으로 인식하고 있는 것이 아닐까? 한편 장기적으로 평균해보면 이산화탄소 농도가 줄어든 덕분에 대체로 온난한 환경이 유지됐으므로 지구환경은 장기적으로 보면 안정하다고 할 수 있다. 이렇듯 이산화탄소 농도가 변동하는 이유는 무엇일까?

본래 탄소순환 시스템에서는 지표의 풍화작용과 그에 이은 해양에서의 탄산염 광물의 침전으로 이산화탄소가 고정되는 속도와 화산 활동 등으로 대기에 이산화탄소가 공급되는 속도가 같아지도록 조절해 이산화탄소의 공급과 소비의 균형을 이루도록 한다. 이것이 탄소순환 시스템의 '평형상

제5장 극적으로 변화한 기후의 역사

태'이다.

그렇다면 예를 들어, 화산 활동이 격렬해져서 이산화탄소의 공급이 증가되면 어떻게 될까? 이산화탄소의 소비량보다 공급량이 많아져 대기에 이산화탄소가 늘어나면서 기후는 온난해지고 풍화작용은 촉진된다. 그 결과 마침내 이산화탄소의 소비와 공급이 균형을 이루며 평형상태가 된다. 이런 상태에서는 '온난한 기후'가 계속된다.

반대로 화산 활동이 정체되어 이산화탄소의 공급이 현저하게 떨어지면 어떻게 될까? 풍화작용으로 이산화탄소가 계속 소비되기 때문에 대기의 이산화탄소 농도는 떨어지고 기후는 한랭화된다. 그 결과 풍화작용이 더디게 진행돼 마침내 이산화탄소의 공급과 소비가 균형을 이루면서 평형상태가 된다. 이런 상태에서는 '한랭한 기후'가 계속된다.

기후의 안정과 변동을 가져오는 하나의 원리

이처럼 화산 활동 등에 의한 이산화탄소의 공급 양과 속도가 시대에 따라 변하면서 기후변동이 발생하는 것으로 추측된다. 그 대표적인 예가 화산 활동이다. 이 밖에도 시간이 지나면서 탄소순환의 '경계 조건'이 바뀌면 기후도 함께 변동한다. 예를 들면 대륙의 배치나 대규모 습곡산맥이 형성되는 지각운동인 조산운동, 육상의 식생, 생물 활동 등이 그 '경계 조건 boundary condition'인 것이다.

즉 탄소순환에 의한 워커 피드백이 기능해도 화산 활동 등의 경계 조건이 바뀌면 평형상태 자체가 바뀌어버린다. 그 결과 기후변동이 발생한다. 이것이 장기적인 기후변동의 원리로 보인다.

워커 피드백은 기후를 일정하게 유지하는 역할을 하는 것이 아니라 기후의 평형상태를 실현하는 구조이다. 다만 탄소순환을 둘러싼 조건이 그다지 크게 변화하지 않는다면 장기적으로 안정된 지구환경을 실현하는 역할을 한다. 만약 이러한 장치가 없다면 기후의 평형상태가 존재하지 않아 지구환경은 지극히 불안정하게 되어버린다.

이처럼 탄소순환과 워커 피드백 작용으로 지구환경은 장기적으로 안정된 상태를 유지하는 동시에 한편으로 기후변동이 발생한다. 안정된 상태와 기후변동이 언뜻 모순되는 것 같지만, 사실은 하나의 시스템에서 생겨나는 결과이다.

그 한 예로서 그림 5-2를 보자. 이 그림은 현생대의 대기 중 이산화탄소의 농도 변화를 추정한 것이다. 현생대는 약 5억 4200만 년 전부터 현재까지 계속되는 지질시대로서, 고생대(약 5억 4200만 년에서 2억 5000만 년 전), 중생대(약 2억 5000만 년에서 6500만 년 전), 신생대(약 6500만 년 전에서 현재)로 구분된다.

이 그림을 보면 약 5억 년 전인 고생대 전반에는 대기의 이산화탄소 농도가 현재의 20배가량에 달했지만 약 3억 년 전인 고생대 후반에는 현재와 거의 같은 수준으로 떨어진다. 그리고 중생대에 들어서면 현재의 수 배에서 10배 정도까지 늘어나는데 시간이 흐르면서 다시 줄어 현재에 이른다.

이처럼 이산화탄소 농도의 변화(그림 5-2 실선)는 장기적인 감소 경향(그림 5-2 점선)과 겹치면서 더욱 짧은 시간대에서 변화한다. 현생대의 이산화

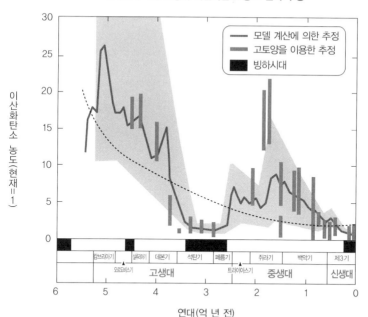

[그림 5-2] 신생대 이산화탄소 농도 변화 추정

점선은 장기적인 이산화탄소의 감소 경향, 실선은 이산화탄소 농도 변동 추정 결과, 세로 막대는 고토양이라 불리는 옛 지층을 분석한 고이산화탄소 농도 추정치. Berner and Kothavala(2001)를 토대로 작성.

탄소 농도는 늘어나거나 줄어드는 변동을 반복하면서도 장기적으로는 감소한 것 같다. 이러한 이산화탄소 농도의 변화는 큰 틀에서 기후변동과 밀접한 관련이 있어 보인다.

또한 실제로 다양한 지질 기록을 살펴보면 고생대 전반, 중생대 전반과 후반, 신생대 전반은 온난기, 고생대 후반과 신생대 후반은 한랭기였던 것으로 보인다(그림5-2). 특히 이산화탄소 농도의 저하는 빙하시대를 불러온다. 다음은 빙하시대에 대해 살펴보자.

2. 반복되는 빙하시대

대륙빙하의 성장

오랜 세월 동안 우리별 지구에서는 온난기와 한랭기가 반복된 것으로 알려져 있다(그림 5-3). 여기에서 말하는 한랭기란 '빙하시대'를 말하며 대륙 위에 '빙상氷床', 즉 '대륙빙하continental glacier'가 존재하는 시대이다. 대륙빙하(이하 빙하)란 높은 산에 형성되는 '산악빙하'와는 구별되는 것으로 지형의 기복에 상관없이 넓은 지역에 형성되는 거대한 얼음 덩어리를 말한다. 반대로 여기에서 말하는 온난기란 극지방에도 빙하가 존재하지 않을 정도로 따뜻한 시기이다.

우리가 살고 있는 북반구의 중위도에서는 겨울에 내린 눈은 보통 봄이 되면 어느새 녹아 없어진다. 겨울에 아무리 눈이 많이 와도 쌓인 눈이 여름을 넘기는 일은 없다.

그러나 지구의 궤도 때문에 '서늘한 여름'이 계속되는 시기가 주기적으

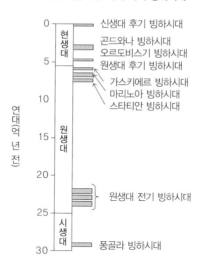

[그림 5-3] 지구 역사 속의 빙하시대

신생대 후기 빙하시대
곤드와나 빙하시대
오르도비스기 빙하시대
원생대 후기 빙하시대
가스키에르 빙하시대
마리노아 빙하시대
스타티안 빙하시대

원생대 전기 빙하시대

퐁골라 빙하시대

연대(억 년 전)

로 찾아오는데(제8장 참조), 이러한 시기에는 특히 극지방에서 겨울에 쌓인 눈이 여름까지도 녹지 않고 남아 다시 겨울을 맞이한다. 이렇게 되면 1년 전에 내린 눈 위에 새로 내린 눈이 쌓이고 그것이 다시 다음 여름을 맞이하는 일이 반복되면서 거대한 빙하로 성장한다. 실제로는 제일 처음에는 높은 산 위에 쌓인 눈이 점점 성장·확대하여 빙하가 형성된다고 한다.

빙하는 성장하면 높이가 3000~4000미터에 달하기도 해서 거대한 산맥이나 고원이라고 불러야 할 정도이다. 얼마나 거대한지 그 무게 때문에 지반도 침강하며 대기의 흐름에도 영향을 미쳐서 주변 지역의 기후를 크게 바꾼다. 특히 그 하얀 표면은 햇빛을 대부분 반사하기 때문에 지구 전체가 더욱 한랭한 기후로 바뀐다.

빙하시대 특유의 퇴적물

그런데 얼음은 비록 느리기는 하지만 유동하는 성질이 있다. 빙하라는 것은 마치 얼음으로 이루어진 큰 강처럼 보이기 때문에 붙은 이름이다. 빙하는 무거운 중심부에서 얇은 주변부 쪽으로 움직인다. 빙하의 끝 부분은 해안선에서 바다 쪽으로 좀더 들어와 빙하와 분리되어 바다를 떠다니는데, 이것이 '빙산'이다.

빙하는 얼음 덩어리이지만 사실은 대륙 내부를 유동하는 과정에서 여러 크기의 암석 파편을 포함하게 되는데, 빙산이 녹으면서 암석 파편들이 해저로 떨어진다. 그러면 보통은 진흙 등의 작은 입자가 퇴적한 연안 해저에 갑자기 커다란 암석 파편들이 나타나면서 굉장히 이상한 지층을 형성하게 된다.

이 퇴적물에 때마침 볏짚 모양이 있는 경우 위에서 떨어지는 파편의 무게 때문에 볏짚 모양이 휘어진다. 따라서 이 파편이 옆에서 굴러 들어온 것이 아니라 위에서 떨어진 것이라는 것을 확실히 알 수 있다. 이런 일은 거의 일어나지 않기 때문에 이는 빙산이 근처의 육지에서 파편을 싣고 온 것이라고 해석할 수 있다. 이 같은 파편을 '드롭스톤dropstone'이라고 한다(그림 5-4). 드롭스톤의 존재는 당시 그 부근에 대륙이 있었고 그 위에 빙하가 존재했다는 것을 말해준다. 따라서 드롭스톤은 그 시기가 빙하시대였다는 증거가 된다.

한편 빙하가 움직이면서 그 속에 포함된 암석 파편들과 대륙의 기반석이 부딪혀 직선상의 흠집이 생긴다. 이러한 '찰흔擦痕'도 역시 빙하가 존재

[그림 5-4] 캐나다 온타리오 주에서 발견된 약 22억 년 전의 드롭스톤(빙하 퇴적물)

했다는 직접적인 증거이다.

옛 지층에서는 몇 미터나 되는 거대한 암석 파편부터 작은 진흙이나 점토에 이르기까지 다양한 크기의 입자로 구성된 기원을 알 수 없는 퇴적물이 발견되기도 한다. 이러한 퇴적물을 '다이아믹타이트diamictite'라고 한다. 다이아믹타이트를 자세히 조사하면 빙하작용의 증거가 발견되는데, 이때 이 다이아믹타이트를 빙하 퇴적물로 해석한다. 이런 빙하성 퇴적물이 어느 시대에 나타나는지를 자세히 조사하면 과거 빙하시대가 있었는지 또는 그 시작과 끝을 파악할 수 있다.

지구는 지금도 '빙하시대'

25억 년에서 5억 4200만 년 전인 원생대에는 전기와 후기에 대규모 빙하시대가 있었던 것으로 알려져 있다(그림 5-3). 약 24억 5000만 년에서 22억 2200만 년 전의 원생대 전기 빙하시대와 약 7억 6000만 년에서 5억 8000만 년 전의 원생대 후기 빙하시대이다. 이들 빙하시대의 큰 특징은 당시 적도 지역에 빙하가 존재했다는 증거가 발견되었다는 점이다. 그래서 당시 지구의 표면 전체가 거의 완전하게 얼음으로 덮여 있었던 것으로 추정하고 있다. 이를 '눈덩이 지구 가설snowball earth theory'이라고 한다. 이에 대해서는 제6장에서 자세히 소개하기로 한다.

그뒤 현생대에 들어와서는 약 3억 년 전 고생대 석탄기 후기에 대빙하시대가 있었다(다음 절 참조). 당시 이산화탄소의 농도는 현재와 비슷하게 낮았던 것으로 추정된다(그림 5-2). 바꿔 말하면 현재의 이산화탄소 농도가 약 3억 년 전에 필적하는 현생대 최저 수준이라는 것이다. 아마도 지구 역사 전체에서도 최저 수준이 아닐까? 실제로 남극이나 그린란드에 빙하가 존재하므로 오늘날도 빙하시대로 분류된다(그림 5-3). 현재 지구온난화 때문에 따뜻한 시대로 생각할 수도 있지만 사실 지구 역사 전체에서 보면 매우 한랭한 시대에 살고 있는 것이다(8장 참조).

이처럼 지구는 늘 기후변동을 겪어왔고 빙하시대는 반복되었다.

3. 생물이 거대했던 대빙하시대

육상 식물의 등장

약 5억 4200만 년 전에서 2억 5000만 년 전인 고생대는 캄브리아기, 오르도비스기, 실루리아기, 데본기, 석탄기, 페름기로 구분된다(그림 5-2).

캄브리아기는 원생대 후기 대빙하시대가 끝나고 온난해진 시기로, '캄브리아기 폭발Cambrian Explosion'이 있었던 것으로 알려져 있다. 캄브리아기 폭발이란 현재 존재하는 동물군의 대부분이 캄브리아기에 갑자기 출현해서 다세포동물이 폭발적으로 다양해지는 현상을 말한다.

마침내 생물은 육지로 진출한다. 실루리아기인 약 4억 2500만 년 전의 지층에서 가장 오래된 육지 식물의 화석이 발견되었다. 나아가 오르도비스기인 약 4억 7500만 년 전의 지층에서는 식물의 포자 화석이 발견되어 가장 오래된 육지 식물로 추정되었다. 그러나 포자 화석만으로는 이 생물이 물속에 사는 생물인지, 육지에 사는 생물인지 확실히 단정하기는 어렵다. 그뒤 같은 지층에서 포자를 포함한 식물 조각의 화석이 발견되었다. 이로써 가장 오래된 육지 식물은 포자를 만드는 식물이고 생물의 육지 진출은 오르도비스기에 이루어졌다고 믿게 되었다. 아마도 가장 오래된 육지 식물은 태류苔類인 이끼와 비슷했던 것으로 추측한다.

그렇다고 그 이전 시대에 육지 생물이 전혀 없었는가 하면 그렇지 않다. 미생물이나 해조류와 균류가 공생하는 생물인 지의류地衣類 등의 군체가 육지에 형성되어 있던 것으로 보이며 또한 실제로 생물이 존재했던 증거도 발견되고 있다.

대빙하시대의 도래

육지에 진출한 식물은 그뒤 '유관속維管束'을 발달시킨다. 유관속이란 식물체에서 물이나 영양분 등의 운반을 담당하는 동시에 식물체를 지탱하는 역할을 하는 기관이다. 주성분은 셀룰로오스나 리그닌lignin이라 불리는 화합물로 육지 식물의 대형화를 가능하도록 했다. 실루리아기부터 데본기에 걸쳐 양치식물이 번성한 뒤 고생대 후기에는 종자를 통해 번식하는 겉씨식물이 출현해 대삼림시대를 맞이했다.

그리고 3억 3300만 년 전쯤인 석탄기 후기에 대빙하시대가 한 번 더 찾아왔다. 고생대 후기 빙하시대(곤드와나 빙하시대)이다. 앞서 언급했듯이 당시 대기의 이산화탄소 농도는 현재와 비슷한 수준으로 떨어졌던 것으로 보인다(그림 5-2). 당시 지금의 아프리카, 남아메리카, 남극, 오스트레일리아

[그림 5-5] **석탄기 후기(약 3억 년 전)의 지구**

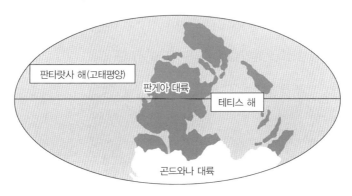

남반구는 넓게 얼음으로 뒤덮여 있었다.

대륙들을 다 합쳐 놓은 크기의 거대한 '곤드와나 대륙'이 남반구에 가로놓여 있었고 그 위를 남위 35도 부근까지 빙하가 덮고 있었다는 증거가 있다(그림 5-5). 현재의 남반구로 말하자면 오스트레일리아의 시드니나 아르헨티나의 부에노스아이레스 부근(북반구로 말하자면 일본의 도쿄나 미국의 로스앤젤레스 부근)까지 얼음으로 뒤덮여 있었다니 놀라지 않을 수 없다.

당시의 빙하작용은 현재의 남반구 곳곳에서 볼 수 있다. 예를 들어 남아프리카공화국에도 드롭스톤 등의 빙하 퇴적물 외에 당시 빙하가 이동할 때 생긴 흔적인 찰흔이 광범위하게 남아 있다. 찰흔의 방향을 통해 당시 빙하가 어느 방향으로 흘러갔는지까지 알 수 있다.

습지대에 매몰된 육상 식물

동물이나 식물은 유기물로 이루어져 있다. 일상적인 경험으로도 알 수 있듯이 고기나 채소 등은 시간이 지나면 썩는다. 이는 유기물이 대기의 산소와 결합해 산화·분해되기 때문이다. 유기물이 완전하게 분해되면 물과 이산화탄소가 된다. 식물은 물과 이산화탄소를 사용해 탄소를 고정하는 광합성 작용을 하는데, 산화·분해 과정은 그 반대이다.

식물이 아무리 열심히 광합성 작용을 했더라도 그 식물이 완전히 산화·분해되어버리면 실질적으로 이산화탄소를 고정하지 않은 것과 같다. 마찬가지로 광합성 작용으로 산소가 생산되는데, 산소를 생산한 식물이 완전히 산화·분해되어버리면 같은 양의 산소가 소비되므로 역시 실질적으로 산소를 생산하지 않은 것과 같다.

실제로 광합성 작용으로 생성된 유기물 대부분은 최종적으로는 분해되어버린다. 지극히 미미한 양(전체의 0.1퍼센트 이하)의 유기물만이 산화·분해되지 않고 퇴적물 속에 보존되는데, 이런 일이 일어나려면 유기물이 모래나 진흙 등에 빠르게 묻혀 산소 등의 산화제에서 격리되어야 한다. 대륙에 가까운 대륙붕 같은 얕은 해저는 이러한 조건을 충족해 육지에서 하천을 통해 운반된 육지 식물이나 얕은 바다에서 광합성 작용을 하는 식물 플랑크톤 등의 사체 일부가 해저 퇴적물 속에 보존된다.

그런데 지금으로부터 약 3억 3300만 년 전에는 특별한 조건이 성립되어 있었다. 대륙 대부분에 '판게아'라 불리는 초대륙이 형성되었던 것이다. 판게아 대륙의 남쪽을 차지한 것이 앞서 언급한 곤드와나 대륙이다. 판게아 대륙에는 습지대가 널리 퍼져 있었고 주변은 대삼림이었다.

죽은 식물은 산소에 의해 분해되기 전 습지에 묻혔다. 육지 식물은 그때까지 없었던 리그닌이나 휴민^{humin}과 같은 새로운 형태의 유기물을 만들게 되었다. 이들 유기물은 박테리아에 의해 잘 분해되지 않았다. 그래서 이 시기에는 대량의 유기물이 산화·분해되는 것을 피할 수 있었다.

이러한 상황은 이 시기 해수의 탄소 동위원소 비의 변화를 살펴보면 뚜렷이 드러난다. 보통 0퍼밀(‰, 천분율의 단위) 부근의 값을 보여주는 해수의 탄소 동위원소 비가 이 시기에는 6퍼밀이라는 비정상적으로 큰 값을 나타낸다. 이는 가벼운 탄소가 상대적으로 더욱 많이 제거되었다는 사실, 즉 유기물이 대량으로 고정되었다는 사실을 의미한다. 이들 유기물은 그뒤 열에 의해 변질되어 석탄이 되었고 이것이 바로 이 시대를 '석탄기'라 부르는 이유이다.

유기물이 대량으로 고정되었다는 것은 대기 중의 이산화탄소가 대량으로 고정되었다는 것을 의미한다. 일반적으로 이것을 이 시기에 이산화탄소 농도가 극적으로 감소한 원인으로 여긴다.

육상 식물 때문에 높아진 풍화 효율

그 밖의 요인도 이산화탄소 농도의 감소에 기여한 것으로 추측하는데, 육지 생물이 출현하여 대륙 표면이 비약적으로 풍화되기 쉬운 환경이 된 것도 그중 하나이다.

일반적으로 용암이 막 굳은 상태의 암석 표면은 잘 풍화되지 않는다. 즉 쉽게 상상할 수 있겠지만 암석의 용해 속도는 매우 느리다. 그러나 대륙 표면의 암석은 비바람이나 물의 동결·용해 등의 영향으로 잘게 부서져 지표면을 덮는다. 이렇게 지표면을 덮은 모래나 진흙은 비가 내리면 쉽게 떠내려가는데, 내부에 박테리아 등이 번식해 군체를 만들면 '토양'으로서 안정되게 존재할 수 있다. 토양은 작은 입자 상태의 무기물, 콜로이드colloid 상태의 무기물, 식물 사체 등의 유기물 그리고 다양한 생물을 포함한 구조로서 안쪽이 비어 있어 비가 내리면 스펀지처럼 물을 흡수해 화학적 풍화작용이 일어나기 쉽다. 잘게 부서져 있는 상태로 반응에 관여하는 표면적이 비약적으로 늘어나기 때문이다. 이 결과 육지에 생물이 존재하는지에 따라 지표면이 풍화되기 쉬운 상태인지 아닌지를 크게 좌우한다.

육지 식물은 토양을 고정해 안정하게 유지하는 역할을 한다. 삼림을 벌채하면 토양이 유실된다는 말을 들은 적이 있을 것이다. 식물이 뿌리를 내림으로써 토양은 안정한 상태를 유지한다.

육지 식물의 출현으로 지표면의 풍화 효율은 비약적으로 높아졌다. 풍화 효율이 높아졌다는 것은 이산화탄소의 공급 속도가 같은 조건에서 온도가 낮아도 높은 온도일 때와 마찬가지로 이산화탄소를 소비할 수 있다는 것을 의미한다. 즉 지구의 평균기온(탄소순환 시스템에서의 평형상태 온도)은 육지 식물의 진화와 함께 낮아져왔다. 이 때문에 한랭화가 눈에 띄게 진행된 것이 고생대 후기에 빙하시대가 도래한 원인 중 하나로 추측한다.

거대해진 곤충

이처럼 3억 3300만 년 전쯤 고생대 후기에는 육지 식물이 번성하면서 지표면의 풍화 효율이 비약적으로 높아졌고 습지대에 육지 식물이 묻혀 대량의 유기물이 산화·분해되지 않으면서 대기 중의 이산화탄소량이 현재와 거의 같은 수준으로까지 떨어져 대빙하시대가 도래했다.

그런데 남위 35도 부근까지 빙하가 확대됐다는 사실은 매우 흥미롭다. 이렇게 저위도까지 빙하가 확대된 것은 전 지구 동결 상태였다는 현생대 빙하시대밖에 그 예가 없기 때문이다. 기후 모델에 따르면 위도 30도 부근까지 빙하가 확대되면 기후 시스템이 불안정하게 되면서 기후변동이 발생해 지구 전체가 동결된다. 곤드와나 빙하시대란 그런 의미에서 지구 전체가 동결되는 상태 직전까지 갔을 가능성이 있다. 그렇다면 어째서 전 지구 동결 직전에서 멈춘 것일까? 원생대의 전 지구 동결 사건과의 차이를 이해하는 것이 중요한 과제가 아닐까 생각한다.

한편 이 시기에는 대기의 산소 농도가 현재보다 훨씬 높았던 것으로 보인다. 현재 대기의 산소 농도는 23퍼센트이지만 3억 년 전에는 아마도 35퍼센트 정도였던 것 같다(그림 5-6).

석탄기 후기에는 대량의 이산화탄소가 유기물로 고정되는데, 광합성 작용으로 유기물이 만들어지면서 동시에 산소도 만들어진다. 그래서 대량의 유기물이 묻혀 이산화탄소 농도가 떨어졌다면 산소 농도는 반대로 늘었을 것이다.

매우 흥미롭게도 석탄기에는 삼림이 발달한 동시에 그곳에 적응한 곤충

[그림 5-6] 현생대 산소의 농도 변동

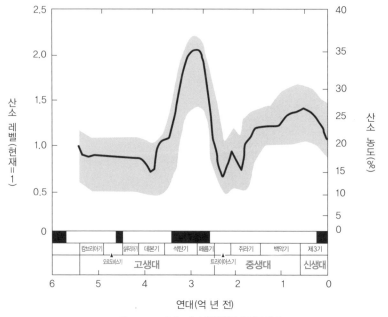

Berner and Canfield(1989)를 토대로 작성.

류가 다양해지고 거대화되었다. 예를 들어 메가네우라Meganeura라는 거대한 잠자리가 석탄기에 번성한 것으로 알려져 있는데, 몸길이가 무려 70센티미터를 넘는 화석도 발견되었다!

이 시기의 곤충이 이렇게 거대해진 이유는 수수께끼로 남아 있는데, 이는 산소의 농도가 증가한 것과 관련이 있는 것으로 보인다. 곤충류는 확산이라는 방법으로 대사에 필요한 산소를 직접 체내로 흡수한다. 따라서 대기의 산소 농도가 짙다는 것은 곤충류에 매우 유리하게 작용한다. 또한 산소 농도의 증가로 대기의 밀도가 높아지면 날기도 쉬워진다.

이처럼 곤충류의 거대화는 당시 대기의 산소 농도가 짙었다는 사실을 간접적으로 입증하는 것은 아닐까? 화석으로 남겨진 생물의 형태적인 변화를 현재와 크게 다른 과거 지구환경에 대한 생물의 생리적인 응답으로 이해한다면 매우 흥미로울 것이다.

4. 공룡의 번성과 초온난화

온난했던 중생대

지구 역사를 보면 한랭기도 있었고 온난기도 있었다. 여기서부터는 전형적인 온난기의 사례를 소개하고자 한다.

약 2억 5000만 년 전에서 6500만 년 전인 중생대는 트라이아스기, 쥐라기, 백악기로 나뉜다. 중생대는 공룡이 번성한 시대이다. 공룡은 트라이아스기의 파충류에서 진화해 백악기 말에 멸종한 생물이다. 다만 최근에 조류가 공룡에서 진화한 것이라는 이론이 정착되면서 공룡이 완전히 멸종한 것은 아니라고도 한다.

영화 〈쥐라기 공원Jurassic Park〉(1993)은 마이클 클레이턴Michael Clayton의 동명 소설을 영화화한 것으로 쥐라기의 공룡을 생명공학으로 부활시킨다는 자극적인 내용이다. 할리우드적인 줄거리는 차치하고서라도 컴퓨터 그래픽 등으로 재현된 공룡의 사실감은 칭찬받을 만한 것이었다. 재미있는 것은 영화에 등장한 티라노사우루스, 트리케라톱스, 벨로키랍토르 등 공룡 대부분이 사실은 쥐라기가 아니라 백악기에 활약했다는 사실이다.

지금까지 중생대는 전반적으로 온난했던 것으로 생각했는데, 빙하성 드롭스톤이 발견되는 등 한랭한 시기도 있었다는 것을 알게 되었다. 그러나 백악기 중반, 지금으로부터 1억 년 전쯤은 분명히 매우 온난한 시기였다.

예를 들어 당시 지구의 평균온도는 현재보다 6~14도나 높았던 것으로 추정된다. 또한 해양심층수 온도도 현재는 2도가량이지만 당시에는 17도였던 것으로 보인다. 그리고 이 시기 대기의 이산화탄소 농도는 현재와 비교했을 때 수 배에서 10배 정도 높았던 것 같다(그림 5-2). 이렇듯 기후가 온난했던 이유는 무엇일까?

슈퍼 플룸

사실 백악기 중반은 화산 활동이 전 지구적으로 매우 활발했던 것으로 알려져 있다. 예를 들어 해저의 확대 속도는 현재의 두 배에 가까웠고 해양지각이 생겨나는 중앙해령midoceanic ridge이나 해양지각이 지구 내부로 밀려 들어가는 섭입대subduction zone의 화산 활동이 매우 활발했다. 이 결과 대량의 이산화탄소가 대기로 방출되었을 가능성이 크다.

나아가 이 시기에는 온통자바 해대Ontong Java plateau나 케르겔렌 해대Kerguelen plateau 등과 같은 거대한 해대가 많이 형성되었다. '해대'란 해저에서 대량의 용암이 분출되어 만들어지는 대지 모양의 지형을 말한다. 이들 해대는 바다 밑바닥에 있기 때문에 눈으로 볼 수는 없지만, 해수를 조사해보면 그 웅대한 모습을 알 수 있다.

예를 들어 온통자바 해대는 서태평양 해저, 뉴기니아 동쪽에 위치하며 태평양판과 함께 솔로몬 해구에서 가라앉고 있다. 면적이 알래스카와 거의 비슷한 200만 제곱미터이고 부피는 6000만 세제곱미터에 이르는 엄청나게 거대한 현무암 덩어리이다. 지금으로부터 약 1억 2000만 년 전에 만들어졌으며 태평양 중앙에서 태평양판의 확대와 함께 서쪽으로 이동해 현재의 자리에 위치하게 되었다.

이렇게 대량의 용암을 분출하는 화산 활동은 우리 인류가 지금껏 한 번도 경험한 적이 없는 것이다. 일반적인 화산 분화와는 규모가 전혀 다른 것으로 아예 전혀 다른 현상으로 이해하는 편이 옳다.

당시 맨틀의 깊은 곳에서 '슈퍼 플룸super plume'이라 불리는 거대한 고온의 물질이 상승해 지표에서 대량의 용암을 분출, 여러 개의 거대 해대를 만든 것으로 보인다. 슈퍼 플룸이 대륙 아래에서 위로 상승하면 대륙을 분열시키는 원인이 된다. 실제로 판게아 대륙도 슈퍼 플룸 때문에 분열된 것으로 추측된다.

이처럼 백악기에는 고체 지구의 활동이 상당히 활발했다. 그리고 격렬한 화산 활동으로 대량의 이산화탄소가 대기로 방출된 결과, 이산화탄소 농도가 상승한 것으로 추측된다. 이 시기의 온난화도 지금의 지구온난화와 마찬가지로 역시 이산화탄소 농도의 증가에 의한 것일 가능성이 크다.

해양 무산소 사태

그런데 같은 백악기 중반 이상한 현상이 하나 발생했다. 당시 '테티스 해'라는 바다가 있었는데(그림 5-7), 그 넓이는 현재의 아프리카, 유럽, 남아시아로 둘러싸인 영역만 했다. 아프리카 대륙이나 인도 대륙이 북상하면서 테티스 해는 없어졌지만 테티스 해의 얕은 해저에 퇴적한 백악기의 퇴적물이 현재 이탈리아나 프랑스 등지에서 지층으로 노출되고 있다.

예를 들어 이탈리아 중앙부의 움브리아Umbira 주 페루자Perugia 현에 구비오Gubbio라는 도시가 있다. 구비오는 로마시대 이전까지 거슬러 올라가는 매우 오래된 도시이다. 13세기에 세워진 오래된 교회와 하얀 벽에 빨간 벽돌 지붕의 집들이 늘어서 있는 중세의 정취를 짙게 풍기는 매우 아름다운 도시이다.

구비오에서 가까운 곳에 '보나렐리층'이라 불리는 지층이 있다. 이 지

[그림 5-7] **약 1억 년 전인 백악기 중반의 지구**

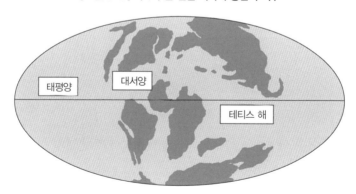

판게아 대륙이 분열해 대서양이 생겨나고 있다.

층에서는 흰색의 층 사이에 검은 때 모양의 층을 볼 수 있다. 검은 이유는 유기물이 많이 포함되어 있기 때문이다. 어째서 이 지층에 유기물이 응집 된 것일까?

유기물 대부분은 해양 플랑크톤의 사체가 침강해 퇴적한 것이다. 그러 나 통상적으로 유기물은 침강하면서 대부분 산화·분해된다. 해저에 퇴적 된 뒤에도 산화·분해 작용은 멈추지 않고 99퍼센트 이상이 분해되어 지극 히 미미한 양만 퇴적물에 남는다. 그런데 어떤 이유에서인지 이 시기의 지 층에는 대량의 유기물이 분해되지 않고 남았다.

그 이유는 당시의 바닷물에 녹아 있던 산소 농도가 어떤 이유로 상당히 낮았기 때문이다. 그래서 이러한 현상을 '해양 무산소 사태oceanic anoxic events'라고 한다. 해양 무산소 사건은 과거 반복해서 일어났던 것으로 알 려져 있다. 백악기 중반 무렵에 일어난 것이 가장 유명하지만 백악기에만 여러 차례 일어났다. 현생대에는 오르도비스기 후기, 데본기 후기, 페름기 와 트라이아스기의 경계, 쥐라기 전기 등에도 발생한 상당히 보편적인 현 상이라고 할 수 있다.

온난화가 초래한 해양 무산소 사태

해양 무산소 사태가 발생하는 이유에 대해서는 여러 가지 가능성이 논 의되고 있지만 아직 결정적인 결론에 이르지는 못했다. 본래 바닷물에 녹 아 있는 산소는 해양 표층에서 활동하는 플랑크톤 등의 생물 사체가 침강하는 과정에서 유기물의 산화·분해에 사용된다. 그런데도 심해에 산소가 녹아 있는 것은 산소가 공급되는 메커니즘이 존재하기 때문이다. 즉 해양 심층수의 형성과 순환 메커니즘이다.

현재는 바다의 차갑고 염분이 높은 그린란드 앞 바닷물이 가라앉아 해양 심층수로 전 세계의 심해에 공급된다. 이때 많은 산소를 포함한 채 바닷물이 가라앉기 때문에 심해에 산소가 공급되는 것이다. 따라서 만약 해양의 순환이 정체되면 심해는 무산소 상태가 되기 쉽다. 그렇게 되면 해저에 쌓인 유기물이 보존되기도 쉬울 것이다. 즉 해양 무산소 사태가 발생하는 이유로 먼저 거론되는 것이 해양 순환의 정체 가능성이다.

한편 해양 표층의 생물 생산이 매우 활발하게 되어 해양 무산소 사태가 발생했을 것이라는 이론도 있다. 이 경우 생물 생산성의 향상으로 해양 중층수에 포함된 산소가 유기물의 산화에 사용되어 고갈되면서 해저에는 대량의 유기물이 쌓이게 된다. 이 결과 분해되지 않은 유기물의 양이 늘어났을지도 모른다.

혹은 바닷물이 따뜻하면 산소가 잘 녹지 않으므로 본래 온난기에는 바닷물 중의 산소 농도가 옅어질 가능성도 있다. 원래부터 빈산소 상태에 빠지기 쉬웠다는 것이다.

어쨌거나 바닷물 속에서 소비하는 산소보다 대기에서 공급받는 산소가 적어서 바닷물은 빈산소 환경이 되고 유기물이 퇴적물에 보존되기 쉬워졌다. 해양 순환의 정체나 생물 생산의 증가, 용존 산소 농도의 저하 모두 온난화와 관련이 있는 것 같지만, 확실한 원인이 무엇인지는 아직 알 수 없다.

고위도 지역도 따뜻했다

유기물은 이산화탄소가 고정된 것이므로 대량의 유기물이 묻혔다는 것은 대량의 이산화탄소가 대기에서 제거되었다는 뜻이다. 그러면 기후는 한랭화되어야 한다. 앞서 언급한 석탄기의 대빙하시대가 그러한 예이다. 그런데 해양 무산소 사태가 발생한 시기는 온난기로 알려진 시기와 일치한다. 이는 어떻게 이해해야 할까?

해양 무산소 사태로 대량의 유기물이 퇴적한 현상은 기후가 한랭화되는 요인임이 틀림없는데, 당시는 한랭화가 아니라 온난화가 발생했다. 이는 즉 만약 해양 무산소 사태가 발생하지 않았다면 당시의 온난화는 더욱 가혹했을 것이라는 의미이다. 해양 무산소 사태가 발생했기 때문에 극단적인 온난화가 일어나지 않았다고 볼 수 있다. 따라서 만약 해양 무산소 사태의 원인이 온난화 자체에 기인한다고 하면 이는 지구 시스템이 가지고 있는 음의 피드백의 하나일지도 모른다.

그런데 놀랍게도 한랭한 고위도 지역도 당시는 매우 온난했다는 다양한 증거가 나타나고 있다. 당시 북극권(현재의 알래스카)이나 남극권(현재의 오스트레일리아)에도 공룡이 서식했음을 보여주는 화석이 발견된다. 공룡은 여름에만 극지방으로 이동해 겨울이 되면 원래 장소로 되돌아갔겠지만, 극지방에 정착한 종도 있었다고 한다. 북극권이나 남극권은 여름에는 백야로 하루 종일 해가 지지 않는다. 그러나 해가 전혀 뜨지 않는 겨울에는 매우 추워진다. 이런 환경에서 어떻게 공룡이 활동할 수 있었는지 커다란 수수께끼가 아닐 수 없다.

그러나 고위도 지방이 비정상적으로 따뜻해지는 현상은 다른 온난기에서도 나타나는 특징이다. 예를 들어 지금으로부터 약 5000만 년 전에도 백악기 중반과 같은 온난기였다고 하는데, 당시 극지방의 지층에서 온난한 기후에 사는 식물 화석이 발견되고 있고 위도 50도(현재의 프랑스 파리나 캐나다 밴쿠버 부근)까지 열대우림이 분포했다고 한다.

이러한 현상은 지금의 기상학이나 기후학으로는 설명하기 어렵다. 온난화가 극도로 진행되면 우리가 아직 알지 못하는 어떤 과정이 작용할 가능성이 있는 것이다..현재 이 문제는 과거의 기후를 연구하는 고기후학자들 사이에서 큰 관심을 끌고 있다.

우리는 지구온난화가 진행되면 어떤 일이 일어날지 아직 잘 모르고 있다. 따라서 이미 발생했던 과거의 온난화 사례를 보다 치밀하게 연구하는 일이 더욱 중요해지고 있다. 과거 지구에서 발생한 기후변동을 연구함으로써 아직 알려지지 않은 지구 시스템의 작동 방식을 이해하는 여러 실마리를 얻을 수 있을지도 모르는 것이다.

5. 히말라야의 융기가 야기한 한랭화

6500만 년 전에서 현재에 이르는 신생대는 제3기와 제4기로 구분한다. 다만 최근 지질 연대가 크게 바뀌어 '제3기'라는 이름은 사용하지 않기로 했다. 그 대신 전반은 팔레오진Paleogene, 후반은 네오진Neogene으로 부른다. (이것들은 원래부터 있던 이름으로 각각 고제3기, 신제3기로 번역된다.) 어쨌거나 신생대 초기는 온난기, 후반은 한랭기라는 특징이 있다. 그러면 현재까지 이어지는 한랭한 기후는 어떻게 시작된 것일까?

신생대 후기 빙하시대

신생대에 일어난 가장 큰 기후변동은 지금으로부터 3400만 년 전 에오세Eocene(시신세)와 올리고세Oligocene(점신세)의 경계에서 발생했다. 이 시기에 남극 대륙의 거대한 빙하가 형성된 것으로 추측된다. 남극 대륙에 빙하가 처음 형성된 것은 그보다 좀더 이전인 4300만 년 전 무렵으로 거슬러 올라갈 수도 있는데, 적어도 거대하고 영속적인 빙하가 형성된 것은 에오세와 올리고세의 경계인 듯하다. 이것이 현재까지 이어지는 신생대 후기 빙하시대의 시작이다.

이 시기 남극 대륙에 빙하가 발달한 원인은 남극 대륙이 열적으로 고립되어 있었기 때문이라는 설이 있다. 무슨 말인가 하면 약 2억 년 전에 시작되는 판게아 대륙의 분열 과정에서 남극 대륙과 오스트레일리아 대륙, 남아메리카 대륙이 연이어 분리되면서 남극 대륙의 주위를 둘러싸는 환남극 해류가 형성된 결과 남극 대륙이 한랭화되어 빙하가 발달했다는 것이다.

다만 지속적인 한랭화는 대기 중의 이산화탄소 농도가 저하된 탓일 가능성이 크다. 실제로 남극 대륙이 오스트레일리아 대륙과 분리되어 얕은 해협이 형성되기 시작한 것은 약 3800만 년 전이고 두 대륙 사이에 드레이크 해협이 형성되기 시작한 것은 2400만 년에서 2000만 년 전으로 추정된다. 사실 이 추정이 대륙빙하의 형성 시기와 딱 맞아떨어지는 것은 아니다.

그뒤의 지속적인 한랭화와 관련해 히말라야 산맥과 티베트 고원의 융기가 원인이라는 유력한 가설이 있다. 판의 움직임 때문에 지금으로부터 약 4000만 년 전에 인도아대륙이 현재의 인도양을 북상해 유라시아 대륙과 충돌하면서 히말라야 산맥과 티베트 고원의 융기가 시작되었는데, 이에 따라 지구 전체의 풍화율이 증가한 결과 대기 중의 이산화탄소가 소비되어 기후가 한랭해졌다는 것이다.

히말라야 산맥, 티베트 고원의 융기와 한랭화

지구에서는 융기가 일어나면 물이 작용해 이를 평준화해 높낮이를 없애려고 하는데, 이를 '침식작용'이라고 한다. 침식작용과 함께 풍화작용이 촉진되면 지구 전체의 한랭화가 발생하는 것은 당연하다.

다만 이 이야기는 지나치게 단순화한 감이 있다. 만약 지구 전체의 풍화율만 증가하면 이산화탄소의 소비가 많아지고 화산 활동에 의한 이산화탄소의 공급과 균형이 깨지면서 대기 중의 이산화탄소는 금방 없어져버린다. 따라서 실제로는 좀 더 복잡한 요인이 작용하는 것 같다.

히말라야 산맥과 티베트 고원 지역의 융기 때문에 침식률이 커지면 이지역의 풍화율이 증가한다. 그러면 대기의 이산화탄소가 과잉 소비되므로 그 농도가 감소한다. 이에 따라 지구 전체의 평균기온이 떨어지므로 지구 전체의 풍화율도 떨어진다. 그런데 히말라야 산맥과 티베트 지역에서는 이른바 강제적으로 풍화작용이 발생한다. 그 결과 이 지역과 그 외 지역의 풍화작용에 의한 이산화탄소의 소비 합계가 화산 활동 등에 의한 이산화탄소의 공급과 균형을 이루게 된다. 따라서 히말라야 산맥과 티베트 고원 지역의 융기 때문에 지구는 한랭화되는 것이다.

여기에서 중요한 것은 높은 산맥을 형성하는 작용이 있어도 지구 전체의 풍화율은 절대 증가하지 않는다는 점이다. 지구가 한랭화되는 것은 산맥의 형성에 대해 지구 시스템이 응답한 결과로 풍화율은 어디까지나 이산화탄소의 공급과 균형을 이루는 것이다.

어떤 지역에 산맥이 형성되면 그 영향이 돌고 돌아 한랭화가 발생한다는 사실은 "바람이 불면 물통 장수가 돈을 번다"는 재미있는 속담과도 일맥상통한다. 이것은 지구를 하나의 시스템으로 보는 '지구 시스템 과학'에 의해 비로소 정확히 이해할 수 있는 현상이다.

한랭화가 더 진전되다

그런데 그뒤인 지금으로부터 약 2400만 년 전 범세계적으로 해양의 수위가 내려간 것으로 알려져 있다. 또 남극 해안의 산림이 툰드라로 변했다는 증거도 있다. 그리고 약 1500만 년 전에도 계속해서 기온이 떨어졌고 약 1000만 년 전의 남극 빙하는 현재의 규모를 능가할 정도로 발달했다고 한다. 나아가 600만 년 전쯤까지는 현재와 비슷한 해양의 순환이 확립되었다. 이 시기는 바로 우리 인류의 선조가 고릴라나 침팬지 등의 유인원과 분리될 무렵인 800만 년 전에서 500만 년 전이다.

약 300만 년 전에는 한랭화가 더욱 진행되어 북반구에도 커다란 빙하가 형성되기 시작했다. 어떤 가설에 따르면 남북아메리카 대륙을 잇는 바하마 육교가 이 무렵에 형성되면서 멕시코만 해류가 강해진 결과 북대서양 연안에 수증기가 공급되었고 이것이 북반구의 대륙빙하 형성을 촉진했을 가능성이 있다고 한다. 그러나 이 인과관계에 대해서는 아직 정확히 알려지지 않았다. 히말라야 산맥이나 로키 산맥의 융기가 대기 순환의 변화를 일으켜 한랭화를 초래했다는 가설도 있다.

그뒤 한랭화가 더욱 진행되었고 '빙하기·간빙기 사이클'로 불리는 주기적인 기후변동이 뚜렷하게 일어난다. 지금이 바로 그러한 시대인데 이에 대해서는 제8장에서 자세히 살펴보겠다.

| 제6장 |

눈덩이 지구

1. 원생대 빙하시대의 수수께끼

빙하 퇴적물과 탄산염암

지금으로부터 약 7억 년 전에서 6억 년 전의 원생대 말기가 전 세계적인 대빙하시대였다는 사실은 오래전부터 알려져 있었다. 그러나 지구 전체가 동결되어 있었다는 '눈덩이 지구(전 지구 동결) 이론'이 정착한 것은 아주 최근의 일이다.

애초부터 원생대 후기의 빙하시대는 많은 수수께끼로 덮여 있었다. 당시의 빙하 퇴적물은 사실상 세계 곳곳에 분포되어 있다(그림 6-1). 이는 그때가 전 세계적인 대빙하시대였다는 사실을 말해주는 것이다. 이것만으로도 놀랄 만한 일인데, 이상하게도 장소에 따라서는 줄무늬 철광상이 빙하 퇴적물과 함께 퇴적해 있는 것이다. 줄무늬 철광상은 제4장에서도 언급했듯이 지금으로부터 25억 년에서 20억 년 전 대량으로 형성된 것으로 알려져 있다. 그 이유는 이 시기에 대기 중의 산소 농도가 증가한 것과 관련이

[그림 6-1] 약 6억 5000만 년 전인 원생대 후기의 빙하 퇴적물의 분포

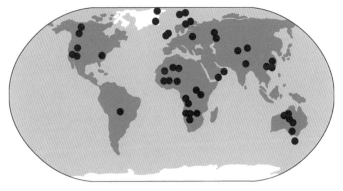

http://www.snowballearth.org/를 참고로 작성.

있다는 것도 이미 설명했다. 줄무늬 철광상은 약 18억 년 전에 마지막으로 형성된 이후 10억 년 이상 형성되지 않았다. 그런데 어째서 원생대 후기, 그것도 빙하 퇴적물과 함께 형성되었을까?

나아가 더욱 이상한 것은 이 시대의 빙하 퇴적물이 탄산염암carbonate으로 덮여 있다는 사실이다. 탄산염암은 기본적으로 열대에서 아열대 퇴적물로 따뜻한 해수에서 침전되어 형성된다. 그것이 통상적으로 극지방에서 형성되는 빙하 퇴적물의 바로 위를 덮고 있는 것은 어째서일까? 이 탄산염암은 빙하 퇴적물을 직접 덮고 있다는 특징 때문에 '캡 카보네이트cap carbonate'라고 불린다. 이것은 빙하시대 직후에 그 장소가 갑자기 열대 환경으로 바뀌었다는 것을 말해준다. 상당히 급격한 기후변동이 있었음이 틀림없다.

그림 6-1을 보면 빙하 퇴적물은 적도 부근에도 분포한다는 것을 알 수 있다. 그러나 이것이 반드시 적도 부근에서 대륙빙하가 형성되었다는 의

미는 아니다. 대륙은 판 운동으로 계속 이동하므로 약 6억 년 전이라면 그 장소는 분명히 현재와는 전혀 다른 곳일 것이다. 예를 들어 당시 북극이나 남극을 중심으로 모든 대륙이 붙어 있었다고 한다면 거의 모든 대륙에 빙하 퇴적물이 형성되었다고 봐야 한다.

그래서 빙하 퇴적물이 형성된 시기의 해당 장소의 위도(고위도)를 추정하려는 연구가 이루어졌다. 암석에 기록되어 있는 당시 지구 자장의 방위를 측정해 그 당시 위도를 추정하는 것이다.

그러자 놀랍게도 몇몇 장소는 당시에도 저위도에 위치한다는 결과를 얻었다. 즉 정말로 당시의 적도 지역에 대륙빙하가 형성되었다는 것이다. 이는 통상적인 빙하시대에서는 결코 볼 수 없는 지극히 이상한 현상이다.

저위도 빙하의 의미

대부분의 연구자는 이 연구 결과를 심각하게 받아들이지 않았다. 틀린 것으로 생각했던 것 같다. 6억 년이나 전에 형성된 지층이 당시의 정보를 그대로 담고 있을 가능성은 별로 크지 않기 때문이다.

보통 지층은 6억 년의 시간이 흐르면 열에 의해 변성된다. 저위도에 있었다는 정보도 암석이 기억하고 있는 당시 지구 자장의 방향을 조사해 얻은 것이다. 그러나 이러한 정보는 열에 의해 변성되면 사라져버린다. 그것도 단순히 사라져버리는 것이 아니라 사라질 때의 지구 자장의 방향이 덧씌워진다. 즉 측정해서 얻은 결과가 암석이 형성될 때의 정보인지, 아니면

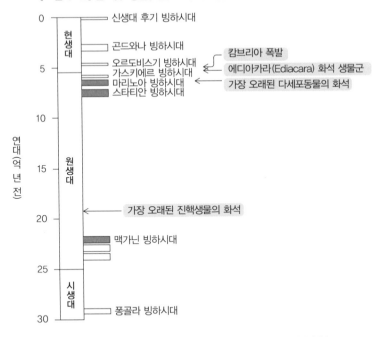

[그림 6-2] 전 지구 동결(색깔 표시 사각형)과 생물 진화의 관계

색깔 표시된 부분이 전 지구 동결이 일어난 시기이고, 흰색 부분은 통상적인 빙하시대이다.

그뒤에 덧씌워진 정보인지 구별하기 어려운 것이다.

1980년대 말 오스트레일리아 서부에서 원생대 후기의 빙하 퇴적물이 저위도에서 형성되었다는 연구 결과가 검증되었다. 다시 말해 측정된 정보가 암석이 형성된 때의 것인지를 판정하는 실험이 시행되었다. 그 결과 암석이 형성된 때의 정보가 분명해지면서 사태가 심각해졌다. 약 6억 년 전에 저위도까지 대륙빙하가 발달했다는 것이 확실해진 것이다.

현재 저위도까지 빙하가 있었다고 확신할 수 있는 시기는 약 23억 년 전에서 22억 2000만 년 전인 원생대 전기의 '맥가닌Makganyene 빙하시대',

약 7억 3000만 년 전에서 7억 년 전인 원생대 후기의 '스타티안Sturtian 빙하시대'와 약 6억 6500만 년 전에서 6억 3500만 년 전인 '마리노아Marinoan 빙하시대'이다(그림 6-2). 그렇다면 저위도에서 빙하가 형성된 것은 과연 무엇을 의미히는 것일까?

이 문제를 해결하기 위해 1992년 캘리포니아 공과대학의 조지프 카슈빙Joseph Kirschvink은 당시 지구가 극지방부터 적도에 이르는 표면 전체가 얼음으로 덮여 있었다는 '눈덩이 지구 이론'을 제창했다. 그는 이 이론으로 원생대 후기의 빙하시대에 나타나는 여러 가지 수수께끼를 해결할 수 있다고 주장했다.

2. 눈덩이 지구 이론

영화 〈스타워즈 에피소드 V-제국의 역습Star Wars Episode V: The Empire Strikes Back〉(1980)에서 얼음의 행성 호스를 무대로 은하 제국군과 반란군이 사투를 벌인다. 이 행성은 전부 얼음으로 덮여 있어 제국군의 눈을 피할수 있기 때문에 반란군의 기지가 있었다. 여기에서 주목하고 싶은 것은 주인공인 루크 스카이워커나 한 솔로가 정찰용으로 타고 다니던 통통이라고부르던 두 발로 달리는 이상한 동물과 루크를 습격한 흰 털로 온몸이 뒤덮인 완파라 불리는 거대 생물이다. 액체가 전혀 없는 얼음으로 뒤덮인 행성에서 이들 생명은 대체 어떻게 살아남았을까? 이 행성에는 이곳저곳에 온천이 샘솟고 있었던 것일까, 아니면 어딘가 얼음이 녹아서 액체 상태의 물이 존재했을지도 모른다. 어쨌거나 이러한 '얼음으로 뒤덮인 행성'의 이미지는 바로 눈덩이 지구 이론에서 상상하는 지구의 모습이다.

눈덩이 지구가 불가능하다고 생각한 이유

눈덩이 지구 이론에 의하면 지구 표면 전체는 얼음으로 뒤덮여 새하얗다. 이는 이른바 '전 지구 동결'이라 불리는 상태이다. 행성의 알베도가 크기 때문에 태양복사의 대부분인 60~70퍼센트는 반사되어 지표에 닿는 태양 에너지가 매우 적은 상태이다.

이러한 기후 상태는 옛날부터 지구가 도달할 수 있는 안정적인 기후 상태 중 하나로 알려졌지만 실제로 지구가 이러한 상태에 빠진 적은 한 번도 없었던 것으로 생각했다. 이와 관련된 지질학적인 증거가 지금까지 전혀 발견되지 않았기 때문이다.

지구 전체가 얼어붙은 적이 없다고 생각하는 또 다른 이유는 만약 그렇게 되면 두 번 다시 온난한 상태로 돌아올 수 없다고 생각했기 때문이다. 지구 전체가 얼어붙으면 새하얗게 변해 태양광을 대부분 반사해버린다. 이렇게 되면 태양의 밝기가 점점 밝아져 현재의 밝기가 된다고 해도 지구 표면의 얼음을 녹일 정도로 온도가 올라가지 않는다. 만약 과거에 한 번이라도 전 지구 동결 상태에 빠졌다면 현재와 같은 온난한 환경이 다시 찾아올 수 없으므로 그런 일이 없었다고 생각한 것이다.

그러나 카슈빙은 지구가 비록 전 지구 동결 상태에 빠져도 그 상태에서 벗어날 수 있는 좋은 방법이 있다는 사실을 발견했다. 그것은 바로 화산 활동이다. 화산 활동으로 대기에 이산화탄소가 축적되면 온실효과 때문에 얼음이 녹아 전 지구 동결 상태에서 벗어날 수 있다는 것이다.

대기 중의 이산화탄소는 통상적으로 지표면의 화학적 풍화작용에 소비되고 해양에서 탄산염 광물로 침전된다. 그러나 지표의 물이 모두 동결된 상황에서는 이런 일이 일어나지 않는다. 이산화탄소가 소비되는 또 하나의 과정으로 생물의 광합성 활동이 있는데, 지구 전체가 얼어붙은 상황에서는 광합성 활동도 멈춘다. 생물 활동에는 액체 상태의 물이 반드시 필요한데, 전 지구 동결 상태에서는 태양의 빛이 닿는 범위의 물은 모두 얼어붙어 있기 때문이다.

다시 말해 전 지구 동결 상태에서는 통상적인 탄소순환이 거의 멈추는 것이다. 그러나 화산 활동은 지표면의 기후 상태와는 상관없이 일어나기 때문에 이산화탄소의 방출은 전 지표면이 동결한 상태에서도 계속된다. 그 결과 지구는 스스로 동결 상태에서 벗어날 수 있다는 것이다.

정말로 이러한 일이 가능한지는 기후 모델을 이용한 계산이 필요한데, 같은 1992년 펜실베이니아주립대학교의 켄 칼데이라Ken Caldeira와 제임스 캐스팅이 대기 중의 이산화탄소가 0.12기압 정도까지 증가하면 전 지구 동결 상태에서 탈출할 수 있음을 밝혀냈다.

얼음 행성

전 지구 동결 상태란 어떤 것인가 하면 적도의 평균기온은 영하 30도 정도, 지구 전체의 평균기온은 영하 40도 정도인 상당히 한랭한 세계이다. 지구 전체가 현재의 남극이나 북극 같은 상태이다.

바다도 표면부터 서서히 차가워지면서 얼어붙는다. 다만 깊이 1000미터 정도 지점에서는 해저에서 방출되는 지구 내부의 열 때문에 열평형 상태에 도달한다. 다시 말해 그 이상 얼음이 두꺼워지지 않는다는 말이다. 그 결과 1000미터 이하의 심해는 동결되지 않은 상태로 남는다.

해양 표면이 얼면 그것은 통상적인 '해수'라고 할 수 없다. 어쨌거나 해양 표층이 1000미터나 얼기 때문에 오히려 대륙을 덮은 대륙빙하에 가까운 '바다빙하'라고 불러야 할 것이다. 얼음의 두께는 상대적으로 고위도 지역에서는 두껍고 적도 지역에서는 얇으므로 고위도에서 저위도 쪽으로 '유동'한다. 대륙빙하의 유동과 마찬가지이다. 이 결과 만약 저위도의 따뜻한 바다가 얼지 않았다고 해도 고위도에서 유동한 바다빙하 때문에 얼어붙어버릴 것이다.

한편 해수가 얼어 있기 때문에 대기 중의 수증기량도 매우 적어진다. 하늘에는 구름 한 점 없이 맑고 건조한 추운 세계가 된다. 다만 얼음 표면에서 증발한 약간의 수증기가 눈이 되어 대륙 지역에 조금씩 내린다. 이 결과 빙하는 조금씩 성장해 마침내 2000미터에서 4000미터에 이르는 거대한 대륙빙하로 성장한다. 비나 눈이 내리지 않는 건조한 지역에서도 대륙빙하가 유동해 결국 적도 지역까지 전부 얼음으로 뒤덮이게 된다. 그야말로 지구는 '얼음 행성'으로 변하는 것이다.

이러한 상태는 화산 활동에 의해 대기에 이산화탄소가 0.12기압 정도로 축적될 때까지 계속된다. 현재의 화산 활동으로 추정해보면 대체로 400만 년 정도 걸린다. 그뒤 적도에서부터 얼음이 녹기 시작하고 바다가 모습을 드러낸다. 바다는 햇빛을 흡수해 따뜻해지고 계속해서 얼음이 녹는다. 아이스 알베도 피드백의 역작용이 일어나기 시작한다. 대략 수백 년에서 수

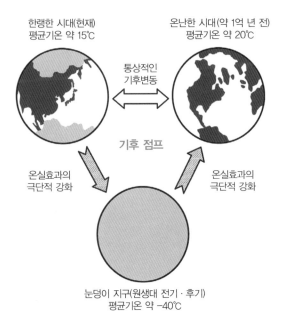

[그림 6-3] 지구의 세 가지 안정적 기후 상태

한랭한 시대(현재)
평균기온 약 15℃

온난한 시대(약 1억 년 전)
평균기온 약 20℃

통상적인
기후변동

기후 점프

온실효과의
극단적 강화

온실효과의
극단적 강화

눈덩이 지구(원생대 전기·후기)
평균기온 약 -40℃

천 년이 걸려 모든 얼음이 급속하게 녹았을 것으로 본다.

그런데 대기 중에 이산화탄소가 0.1기압 정도 남아 있기 때문에 이번에는 고온 환경이 지구를 덮치게 된다. 평균온도가 60도 정도인 맹렬한 더위이다. 전 지구 동결 때에는 영하 40도 정도였으므로 평균기온이 100도가량이나 상승하는 것이다. 이 같은 기후변동은 분명히 정상적이라고 할 수 없다. 다시 말해 눈덩이 지구는 지구의 안정된 기후 상태 사이에 발생하는 급격한 천이 과정, 즉 기후 점프에 의한 '불연속적'인 기후변동으로, 통상적인 '연속적' 기후변동과는 전혀 다른 것이다(그림 6-3).

탄산염암은 어떻게 형성되었는가?

눈덩이 지구 이론으로 원생대 후기에 나타나는 빙하 퇴적물의 이상한 특징을 설명할 수 있다. 예를 들면 당시 빙하 퇴적물이 전 세계 각지에 분포된 이유와 저위도까지 대륙빙하가 존재한 원인을 분명하게 설명할 수 있다.

물론 빙하 퇴적물 바로 위에 나타나는 캡 카보네이트의 형성 이유도 설명할 수 있다. 지구 전체가 녹은 뒤의 고온 환경 때문에 대량의 수증기가 증발하고 그것이 비가 되어 지표에 내린다. 지표면이 심하게 풍화 침식된 결과 대기에 축적된 대량의 이산화탄소는 탄산염 광물로 고정된다. 이것이 캡 카보네이트가 형성된 과정이다. 지구 전체가 열대 환경이 되었기 때문에 세계 각지의 빙하 퇴적물 바로 위에 열대성 캡 카보네이트가 형성되었다고 해도 문제가 되지 않는 것이다.

그렇다면 줄무늬 철광상이 빙하 퇴적물과 함께 형성된 것은 어떻게 설명할 수 있을까? 카슈빙은 이에 대해서도 상당히 그럴듯한 설명을 제시했다. 지구 전체가 동결된 상태에서도 해양 심층수는 얼지 않았다. 그러면 해양 심층수 속에 녹아 있던 산소는 점점 소비되어 산소가 고갈된 상태, 즉 빈산소 상태가 된다. 그리고 해저 열수공에서 방출된 2가 철 이온이 심층수에 축적된다. 앞서 언급했듯이 2가 철 이온은 수용성으로 산소가 고갈된 해수에 녹는다. 마침내 해양을 덮고 있던 얼음이 녹으면 철 이온을 함유한 해양 심층수는 표층으로 샘솟아 대기의 산소와 결합해 산화철로 침전된다. 이는 25억 년에서 20억 년 전 줄무늬 광상이 대량으로 형성된 메커니즘이다. 그런데 그것이 전 지구 동결에 의해 재현되었다고 생각하는 것이다.

일반적으로는 생각할 수 없는 탄소 동위원소 비의 값

1990년대 후반 미국 하버드대학교의 폴 호프먼Paul Hoffman 박사 등은 아프리카 나미비아공화국에 분포된 원생대 후기의 빙하 퇴적물을 덮고 있는 캡 카보네이트의 탄소 동위원소의 비를 자세히 분석했다. 그 결과 탄소 동위원소 비가 다른 시대에는 나타나지 않는 움직임을 보인다는 것이 분명해졌다. 탄소 동위원소 비의 값은 빙하 퇴적물 바로 위에서 −6퍼밀이라는 낮은 수치를 나타내고 수백 미터 위에서야 겨우 통상적인 0퍼밀 부근의 값으로 돌아왔다. 이것은 과연 무엇을 의미하는 것일까?

탄소 동위원소 비의 변동은 생물의 광합성 활동을 반영한다. 생물은 대기 중의 이산화탄소를 흡수해 탄소를 고정하는 과정에서 가벼운 탄소 동위원소를 더욱 많이 흡수하는 성질이 있다는 것은 앞에서 이미 설명했다. 그 결과 환경에는 무거운 탄소 동위원소가 상대적으로 많이 남는다. 한편 대기에는 화산 가스에서 이산화탄소가 방출되는데, 그 탄소 동위원소의 비는 −6퍼밀의 값을 보여준다. 이는 지구 내부의 탄소 동위원소 비로 추측된다. 그러나 앞서 언급했듯이 지구 표층에서는 생물 활동으로 가벼운 탄소 동위원소가 우선해 제거된 결과 해수는 보통 지구 내부의 값보다 큰 약 0퍼밀의 값을 나타낸다. 생물 활동이 활발해지면 더 큰 값을 나타내기도 하고 반대로 생물 활동이 약해지면 더 낮은 값을 나타내기도 한다.

그런데 캡 카보네이트에 나타나는 탄소 동위원소 비는 무려 −6퍼밀이었다. 이는 화산 가스의 조성과 완전히 똑같은 값이 아닌가? 이는 곧 방출된 화산 가스가 생물에는 거의 이용되지 않았다는 것을 의미한다. 즉 빙하시대가 끝난 직후 지구에서는 생물 활동이 완전히 정지했다는 것이다! 이는 매우 놀라운 일이다.

유일하게 가능한 설명은 원생대 후기의 빙하시대에 생물권이 괴멸적인 타격을 입었다는 것이다. 보통 빙하시대에는 이러한 일이 일어나지 않는데, 만약 이것이 전 지구 동결 상태였다면 가능할 수도 있다. 어쨌거나 바다가 수심 1000미터까지 수백만 년 동안 얼어붙어 있었으니 불가능하지만은 않았을 것이다.

이렇게 눈덩이 지구 이론에 따라 원생대의 빙하 퇴적물에 나타나는 이상한 특징을 모두 설명할 수 있다. 이는 눈덩이 지구 이론의 매우 뛰어난 점으로 이 이론이 많은 이들의 지지를 받은 이유이기도 하다.

그러나 동시에 눈덩이 지구 이론에 대한 반론도 만만치 않다. 카슈빙이나 호프먼이 주장하는 눈덩이 지구 이론의 시나리오에 꼭 들어맞지 않는 지질학적 증거도 많다. 게다가 본래 전 지구 동결이라는 극단적인 개념은 생물의 진화라는 입장에서는 받아들이기 어려운 것이기도 하다. 실제 지구는 훨씬 복잡하므로 이처럼 단순한 시나리오로는 설명할 수 없는 것도 당연하다. 눈덩이 지구 이론을 둘러싼 논쟁은 지금도 계속되고 있다.

3. 그때 생물들은?

 눈덩이 지구 이론이 가진 최대의 문제점은 수백만 년 이상 지구의 모든 물이 얼어붙었다면 어떻게 생물이 살아남을 수 있었는가 하는 것이다. 아무리 해양 심층수가 얼지 않았다고 해도 광합성을 하는 생물의 활동은 태양 빛이 닿는 해양 표층수 100미터에서 200미터 깊이 정도에 한정된다.

 특히 당시는 이미 광합성 작용을 하는 진핵생물인 녹조, 홍조, 갈조 등의 조류가 출현한 상태로 이들은 원생대 후기의 대빙하시대를 살아남았다. 박테리아라면 모를까 진핵생물이 전 지구 동결이라는 가혹한 환경에서 살아남았다고는 도저히 생각할 수 없다. 이 문제의 해결이 눈덩이 지구 이론의 최대의 과제이다. 그리고 지금까지 몇 가지 해결책이 제안되었다.

소프트 눈덩이 지구 이론

그중 한 가지는 전 지구 동결로 대륙이 전부 얼음으로 뒤덮였더라도 적도 지역의 해양은 얼지 않았다는 것이다. 기후 모델을 이용해 분석해보면 분명히 그런 기후 상태가 존재했다는 것을 알 수 있다. 이것이라면 저위도에 빙하가 존재했다는 증거를 만족하면서도 생물이 살아남았다는 것을 설명할 수 있다. 이것을 '소프트 눈덩이 지구 이론'이라 하며 본래의 '하드 눈덩이 지구 이론'과 구별한다.

하지만 소프트 눈덩이 지구 이론은 생물이 살아남았다는 사실을 설명하기에는 적합하지만 줄무늬 철광상이나 캡 카보네이트의 형성은 설명할 수 없다. 얼지 않은 적도 지역의 해양에서는 끊임없이 대기와 가스를 교환하므로 해양에는 철 이온이 축적되지 않고 대기에는 대량의 이산화탄소가 축적되지 않기 때문이다. 눈덩이 지구 이론은 원생대의 빙하 퇴적물에서 보이는 이상한 특징을 전부 설명할 수 있는 것인데, 이러한 장점이 사라져버린다면 솔직히 말해 소프트 눈덩이 지구 이론에 호감을 갖기 어렵다.

또한 적도 지역의 해양이 얼지 않았어도 고위도 지역의 해양이 얼었다면 앞서 언급한 바다빙하가 고위도에서 저위도로 움직이고 최종적으로는 적도 지역도 얼음으로 뒤덮여버릴 것이다.

따라서 소프트 눈덩이 지구 이론으로는 원생대 후기의 이상한 빙하작용을 설명하는 데 무리가 있다.

얼음 밑에서도 생물이 활동할 수 있는 조건

또 다른 것으로 얼음의 두께가 1000미터가 아니라 수십 미터 정도였다는 가설이 있다. 이는 현재의 남극을 토대로 한 가설이다. 남극에는 동결된 호수가 여럿 있다. 그러나 드라이 밸리Dry Valleys라 불리는 매우 건조한 지역에 있는 호수의 얼음은 생각보다 훨씬 얇다. 이론적으로 예상되는 얼음의 두께는 300미터인데 실제로는 5미터밖에 되지 않는다.

건조 지역에서는 호수의 얼음 표면에서 일어나는 승화 때문에 물이 줄어들고 얼음 바닥 쪽이 동결하는 과정을 거치면서 천천히 성장한다. 그래서 얼음이 매우 투명하다. 그 결과 태양 빛이 얼음을 투과할 수 있다. 물이 얼 때 발생하는 숨은열latent heat과 투과되는 태양광으로 호수에는 지구 내부에서 공급되는 것보다 훨씬 많은 열이 발생해 이론적으로 예상한 것보다 얼음의 두께가 얇다. 재미있는 것은 남극 드라이 밸리의 호수에 얼음 아래에는 광합성을 하는 생물이 활동하고 있다는 것이다!

원생대 후기의 태양이 비록 현재보다 6퍼센트 정도 어두웠어도 적도 지역에서라면 충분한 일사량을 기대할 수 있다. 따라서 전 지구 동결 상태에서도 얼음이 얇게 형성된 장소가 존재해 그 밑에서 광합성 생물이 살아남았을 가능성은 충분하다.

그 밖에도 현재의 하와이나 아이슬란드와 같은 화산 지역에서는 지열地熱에 얼음이 녹아 액체 상태의 물이 존재했을 수도 있다는 주장도 있다. 이는 매우 있을 법한 상황이다. 틀림없이 화산 지역은 당시에도 지구 이곳저곳에 존재했을 것이므로 생물은 이러한 '피난처'에서 살아남았을지도 모른다.

　이렇듯 생물이 원생대 후기의 대빙하시대를 살아남았을 가능성은 여러 가지로 생각해볼 수 있다. 하지만 그렇다 하더라도 생물은 역시 대부분 극심한 환경 스트레스를 받았을 것이다. 평균기온이 영하 40도나 되는 환경이 수백 년이나 계속되었으니까 말이다. 나아가 얼음이 녹은 직후에는 이산화탄소의 농도가 0.12기압, 기온이 60도인 세계였다. 생물이 살아남을 수 있었다고 해도 실제로는 겨우 일부가 근근이 생명을 유지했을 뿐 생물 대부분은 괴멸적인 타격을 입었을 것이다. 이 시대의 생물은 아직 단단한 골격을 갖추지 못했기 때문에 화석으로는 거의 남아 있지 않아 실태를 제대로 알 수는 없지만 생물의 대멸종이 있었을 가능성이 크다.

4. 파국적인 지구환경의 변동과 생물의 대진화

칼라하리 망간 광상

약 22억 2000만 년 전인 원생대 전기에도 눈덩이 지구 시대가 있었을 것이다. 당시의 빙하 퇴적물이 저위도에서 형성되었다는 증거가 남아프리카 공화국에서 발견된 것이다. 이것은 퇴적물의 입자의 크기에 따라 나뉘는 분급이 안 되었거나 분급 정도가 매우 낮은 여러 크기의 입자로 구성된 육성 퇴적암인 '맥가닌 다이아믹타이트Makganyene Diamictite층'이라 불리는 지층의 빙하 퇴적물이므로 이 시기를 맥가닌 빙하시대라 부르기로 하자. 발견자는 역시 카슈빙 등이 이끄는 연구 그룹이었다.

22억 년 전이라는 말에 이때 대기의 산소 농도가 급증했다는 사실을 떠올리는 독자들도 있을 것이다. 실은 이 시대에 지구환경이 환원적인 환경에서 산화적인 환경으로 급격하게 바뀌었다. 대산화 사건이라고 불리는 탄소 동위원소 비의 정이상이 나타난 것은 22억 2000만 년 전에서 20억

6000만 년 전이었다. 실로 눈덩이 지구 사태 직후가 아닌가!

실제로 저위도 빙하의 증거가 발견된 남아프리카공화국에는 빙하 퇴적물 바로 위에 상당히 희귀한 퇴적물이 형성되어 있다. 이는 '칼라하리 망간광상'이라 불리는 것이다. 망간은 철과 마찬가지로 2가에서 수용성이다. 따라서 해수에 녹은 상태로 존재하는데, 산소가 있으면 산화되어 이산화망간으로 침전된다. 산소 농도가 옅은 지구 역사 전반기에는 해수에 녹은 상태로 존재했지만 산소 농도가 급증하면서 산화 침전된 것으로 보인다.

이 지구 역사상 최초의 대규모 망간 광상이 저위도 빙하가 형성된 원생대 전기의 맥가닌 빙하시대 직후에 형성된 것이다. 이는 과연 무엇을 의미하는 것일까?

쉽게 떠오르는 것은 줄무늬 광상의 형성과 같은 시나리오이다. 즉 전 지구 동결 상태에서 해저 열수공에서 방출된 2가 망간은 해양 심층수에 축적되었다. 이것이 해양을 덮고 있던 얼음이 녹으면서 표층으로 솟아올라 산소와 결합해 대량으로 산화·침전해 망간 광상이 형성되었다는 것이다. 그러나 원생대 후기와는 상황이 다르다는 점에 주의해야 한다. 앞서 언급했듯이 원생대 전기는 전 지구 동결이 끝난 직후 망간을 대량으로 산화시킬 수 있을 정도로 대기에 충분한 양의 산소가 존재했는지 정확히 알 수 없는 지극히 미묘한 시기이기 때문이다.

시아노박테리아의 탄생이 눈덩이 지구의 원인?

여기에서 카슈빙 그룹은 매우 재미있는 시나리오를 생각해냈다. 최초의 산소 발생형 광합성 생물인 시아노박테리아의 출현이 원생대 전기에 일어난 전 지구 동결의 원인이었다는 것이다.

제3장에서 언급했듯이 대기의 산소 농도가 옅은 시대에는 메탄균의 활동이 활발해 메탄이 대량 생산되고 메탄의 온실효과 때문에 지구는 온난한 상태를 유지한다. 이 같은 상황은 대기에 산소가 방출되면서 종말을 고한다. 즉 산소 발생형 광합성 생물이 출현해 대량의 산소를 대기에 방출하기 시작하면 메탄은 급속하게 산화되어 사라진다. 그 결과 어떤 일이 일어날지 금방 추측할 수 있다. 다시 말해 대기의 온실효과가 급속히 사라지기 때문에 지구는 전 지구 동결 상태에 빠져버리는 것이다. 이것이 원생대 전기 눈덩이 지구가 된 원인이었을지도 모른다.

그러나 앞서 언급했듯이 산소의 방출은 그 이전부터 있었을 가능성도 있다. 따라서 다른 가능성으로 시아노박테리아가 이전부터 출현해 있었지만 발생한 산소가 다양한 환원 물질의 산화로 소비되고 대기에는 거의 축적되지 않았다고도 생각할 수 있다. 산소와 환원 물질의 수지 변화로 과잉분의 산소가 대기에 축적된 것이 바로 이때의 전 지구 동결 직전이었다는 것이다.

한편 눈덩이 지구가 끝나 얼음이 녹기 시작하면 시아노박테리아의 활동이 재개된다. 전 지구 동결 상태에서는 해저 열수공에서 방출된 철이나 망간이 해양 심층수에 축적된다고 했는데 그 밖에도 인 등이 같은 움직임을 보인다. 인은 생물에 반드시 필요한 원소이다. 이것이 전 지구 융해와 함께 해양 표층으로 솟아오른 결과 시아노박테리아가 폭발적으로 번식한다. 그러면 대량의 산소가 생산되고 솟아오른 철이나 망간은 산소와 결합해 산화·침전된다. 이것이 칼라하리 망간 광상이 형성된 요인이라고 카슈빙 등은 생각했다.

이는 눈덩이 지구 사태 직후 대기 중의 산소 농도가 늘어났을 가능성을 보여준다. 다시 말해 양자 사이에는 인과관계가 있다는 것이다. 앞서 언급했듯이 약 19억 년 전의 가장 오래된 진핵생물 화석이 발견되었는데 이것은 지구 대기가 산소를 포함하게 된 결과라고도 할 수 있다(그림 6-2).

만약 이것이 정말이라면 생물 진화와 지구환경이 서로 영향을 주고받으며 진화한 것이다. 이러한 관계를 '지구와 생명의 공진화共進化'라고 한다. 시아노박테리아의 출현으로 전 지구 동결이 진행되고 그 일 때문에 대기 중의 산소 농도가 늘어나 그 결과로 진핵생물이 출현한 것이 되기 때문이다. 지구환경과 생명이 정말 이렇게 영향을 주고받으면서 진화했다면 상당히 흥미로운 일이다. 실제로 눈덩이 지구 사태 이후의 생물 진화에 관해 그 밖에도 매우 재미있는 사실들이 밝혀졌다.

6억 년 전의 다세포생물 화석

1998년 전 세계에 충격을 안겨준 대발견이 있었다. 중국 남부에는 예외적으로 보존 상태가 좋은 원생대 말기의 화석군이 산출되는 '두샨투오 지층'이라 불리는 곳이 있다. 이 지층에서 '동물의 배胚(난할 중인 수정란)'로 보이는 서브밀리미터(1~0.1밀리미터) 크기의 화석이 발견되었다. 더구나 다양한 난할 단계에 있는 여러 개의 화석이 발견된 것이다. 이는 분명히 '다세포동물'의 것으로 보였다. 연대는 6억 년 전쯤으로 추정되었다(그림 6-2).

이 세기의 대발견은 커다란 논쟁의 중심이 되었다. 이것이 다세포동물의 배 화석이 아니라 거대 유황 산화 세균의 화석이라는 이론도 대두되었지만 적어도 일부 학자들은 확실한 다세포동물의 배 화석이라고 반박했다. 대부분의 연구자들은 이것을 배 화석으로 생각한다.

생물은 원래 하나의 세포로 이루어져 있다. 박테리아 등도 이러한 단세포생물이다. 그러나 시간이 흐르면서 세포들끼리 연합해 복잡한 기능을 획득하게 된다. 다세포생물이 탄생한 것이다. 특히 포유류, 파충류, 양서류, 조류 등을 포함한 다세포동물의 기원은 생물 진화에서도 중요한 분기점의 하나라고 볼 수 있다.

동물의 기원을 더듬어가다 보면 '캄브리아 폭발'이라고 부르는 캄브리아기에 있었던 동물의 폭발적인 다양화와 맞닥뜨린다. 이것은 지금으로부터 약 5억 년 전 현존하는 모든 동물문門이 갑자기 출현한 것을 두고 하는 말인데, 이때 과연 무슨 일이 있었는지는 정확히 알려지지 않았다. 그래서 이것을 밝히는 것이 지구 역사를 연구하는 데 있어 매우 중요한 과제라고 할 수 있다.

그러나 이보다 수천만 년을 더 거슬러 올라가면 '에디아카라 화석 생물군'이라 불리는 가장 오래된 생물 화석들이 발견된다. 약 5억 8000만 년 전에 살았던 생물들이다(그림 6-2). 에디아카라 화석 생물군에는 현재와 다른 신기한 형태의 생물이 많아서 현세 생물의 계통과는 관계가 없는 멸종된 종이라는 이론도 있다. 그러나 최근에는 적어도 그 일부가 해면동물Porifera이나 자포동물Cnidaria, 진정후생동물Eumetazoa, 좌우대칭동물Bilateria 등으로 계승되었다는 해석도 있다. 즉 에디아카라 화석 생물군에 포함되는 생물들이 모두 멸종하지는 않았을 가능성이 있다는 것이다.

이러한 생물은 물론 다세포동물일 것으로 추측되는데, 나아가 이 시기를 더욱 거슬러 올라가면 조금 전 언급한 배 화석에 이르게 된다. 최근의 연구로는 가장 오래된 배 화석은 6억 3250만 년 전의 것이라고 한다. 놀랍게도 최후의 눈덩이 지구였던 약 6억 6500만 년에서 6억 3500만 년 전의 마리노아 빙하시대 직후이다. 그렇다면 눈덩이 지구 직후에 다세포동물이 출현한 것일까?

생물 대진화의 원인

다세포동물의 분기 연대는 분자시계라 부르는 방법을 이용해 추정한다. 이것은 생물의 DNA 염기 배열이나 단백질 아미노산 배열의 시간 변이율이 일정하다고 가정하고 다른 생물의 계통 관계나 분기 연대를 추정하는 방법이다. 이 결과에 따르면 동물과 식물, 균류는 약 10억 년 전 공통 선조에서 분기했다고 한다. 다시 말해 화석 기록보다 더욱 이전일 뿐 아니라 원생대 후기에 일어난 눈덩이 지구 이전이다. 그러나 다세포동물이 그렇게 가혹한 지구환경의 변동에서 살아남았다고는 도저히 생각하기 어렵다. 이 문제는 상당히 커다란 논쟁이 되고 있다.

최근의 연구에 의하면 분자시계를 이용해 추정한 다세포동물의 분기 연대를 약 6억 년 전으로 늦출 수 있다고 한다. 만약 그렇다면 화석 기록과 조화로운 결과를 이루며 다세포동물은 원생대 후기의 눈덩이 지구가 끝나고 출현한 것이 된다. 이 경우 과연 어떤 요인이 생물의 대진화를 촉진한 것일까?

눈덩이 지구라는 파국적인 상황에서 생물권이 회복하는 과정에서 이러한 대진화가 촉진될 가능성은 충분하다. 그러나 이에 더해 원생대 전기 진핵생물의 출현과 마찬가지로 눈덩이 지구가 가져온 대기의 산소 농도 증가가 이러한 생물의 진화를 촉진한 직접적인 원인이 되었을 가능성이 크지 않을까? 대기 중의 산소 농도는 약 22억 년 전에 급격히 증가한 뒤 6억 년 전쯤에도 급격하게 증가한 것으로 생각해왔는데, 양쪽 모두 눈덩이 지구와 관련이 있다고 추측된다. 즉 눈덩이 지구 현상 때문에 생물의 대멸종이 시작된 동시에 대기 중의 산소 농도가 증가하면서 생물의 대진화가 촉진되었을지도 모른다.

만약 정말로 눈덩이 지구 현상 때문에 생물의 대진화가 촉진되었다면 역설적이지만 생물의 진화에는 파국적인 지구환경의 변동이 필요하다고 할 수 있지 않을까?

공룡의 멸종을 초래한 소행성의 충돌

1. 소행성 충돌설

공룡은 왜 멸종했을까?

공룡이 멸종한 이유는 과연 무엇일까? 어릴 적 읽은 어린이 과학 잡지에는 공룡의 멸종에 관한 여러 가지 설이 소개되어 있었다. 기후가 한랭화되어 식량이 부족했다는 설, 전염병이 만연했다는 설, 태양계 근처에서 초신성 폭발이 일어났다는 설 등. 그러나 지금은 아이들부터 모두가 공룡이 멸종한 이유를 잘 알고 있다.

이제 모두가 잘 아는 소행성이 지구와 충돌해 공룡이 멸종했다는 충격적인 가설이 등장한 것은 1980년이다. 제2장에서 소개한 미국의 물리학자 루이스 앨버레즈와 그의 아들인 지질학자 월터 앨버레즈 등이 쓴 논문이 『사이언스』에 발표된 것이다. 이를 기점으로 10년 이상 끈 대논쟁이 시작되었다.

월터 앨버레즈 등은 중생대 백악기와 신생대 제3기의 경계에 해당하는 지층을 조사·연구했다. 이 경계는 백악기를 지칭하는 독일어 머리글자 K와 제3기를 나타내는 머리글자 T를 따서 K/T 경계라 불린다. 다만 앞서 언급했듯이 최근 지질 시대를 구분하는 명칭이 바뀌면서 앞으로는 K/P 경계라 불릴 듯하다. (그러나 아직 정착되지 않았으므로 이 책에서는 K/T 경계라 부르기로 한다.)

공룡은 백악기 말에 멸종했다. 공룡뿐만이 아니다. 중생대의 해양에서 크게 번성했던 암모나이트ammonite류나 해양 표층에 생식하는 부유성 유공충planktonic foraminifer, 석회질 대형 플랑크톤nannoplankton(편모조류 등) 대부분도 동시에 멸종했다. 종 수준에서 최대 75퍼센트 정도의 생물이 멸종했다고 한다. 백악기 말에 대체 어떤 일이 일어났던 것일까?

전 세계에 분포하는 K/T 경계에는 어디에나 수 밀리미터에서 1센티미터 두께의 얇은 점토층이 끼어 있다. 백악기가 끝나고 제3기가 시작될 때에 이 점토층이 퇴적한 것이다. 이 점토층이 의미하는 것은 무엇일까? 만약 백악기가 끝나고 제3기가 시작될 때까지 상당히 긴 시간이 지났다면 생물의 멸종은 서서히 진행되었을 것이다. 그러나 반대로 시간이 짧았다면 멸종은 순식간에 일어났을 수도 있다.

이해할 수 없는 이리듐의 농도

이 문제를 조사하기 위해 아들인 월터는 아버지 루이스와 의논해 백금족에 속하는 원소의 하나인 이리듐의 함유량을 조사하기로 했다. 백금족

제7장 공룡의 멸종을 초래한 소행성의 충돌

원소는 철과 친화성이 높은 원소로 지구 표층에서는 거의 볼 수 없는 원소이다. 대부분은 지구 중심핵(코어)이 형성될 때 철과 함께 지구 중심부로 흡수된 것으로 보인다. 따라서 지구 표층에 존재하는 이리듐 대부분은 지구 바깥에서 온 것으로 추측할 수 있다. 우주먼지는 규칙적으로 지구에 쏟아져 내리므로 지층에 포함된 이리듐의 함유량으로 퇴적 시간을 추정할 수 있다고 생각했던 것이다.

그래서 제5장에서 소개한 이탈리아의 구비오 근처에 노출된 K/T 경계를 포함한 지층에서 암석 시료를 채취해 분석했다. 그러자 K/T 경계의 점토층에서 이리듐의 함유량이 급격히 높은 값을 나타낸 것이다. 이리듐이 이렇게 많이 농축된 것은 전혀 예상하지 못한 결과였다(그림 7-1).

이렇게 이리듐이 비정상적으로 많이 포함된 것은 지구에 소행성이나 혜성이 충돌한 것이 원인이라는 주장이 제기되었다. 이탈리아뿐만 아니라 덴마크나 스페인의 K/T 경계에서도 이리듐의 농도가 비정상적으로 높은 것이 확인되었다.

이리듐의 농도로 추정한 충돌 천체의 크기는 지름 10킬로미터가량이다. 이렇게 거대한 소행성이 지구와 충돌하면 지름이 200킬로미터나 되는 거대한 충돌 크레이터가 형성된다. 그러나 약 6500만 년 전이라는 연대치를 가진 거대한 충돌 크레이터는 당시 알려져 있지 않았다. 소행성은 대략 70퍼센트의 확률로 바다에 떨어진다. 해양과 충돌했다면, 시간이 흐르면서 판 운동에 따라 해양 지각이 움직이고 얼마 있다가 해구에서 지구 내부로 침강하기 때문에 6500만 년이나 전에 형성되었을 충돌 크레이터의 흔적은 이미 없어졌을 가능성도 크다.

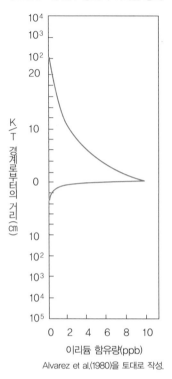

[그림 7-1] **K/T 경계의 이리듐 농축**

10^4
10^3
10^2
20

K / T 경계로부터의 거리 (cm)

10

0

10

10^2
10^3
10^4
10^5

0 2 4 6 8 10
이리듐 함유량(ppb)

Alvarez et al.(1980)을 토대로 작성.

앨버레즈 등이 주장한 가설은 1980 년대 많은 호응과 비판을 동시에 받았다. 언론매체들은 이 대담하고 매력적인 가설을 둘러싸고 소란스러웠지만 고생물학자들은 이러한 '천변지이설天變地異說'에는 비판적이었다. 그들은 자신들의 연구를 통해 공룡이나 암모나이트의 멸종이 K/T 경계보다 훨씬 이전부터 서서히 일어난 것으로 믿었기 때문이다.

그러나 1991년 애리조나대학교의 앨런 힐데브란트Alan Hildebrand 등은 멕시코 유카탄 반도 지하에 잠자고 있던 지름 180킬로미터의 원형 구조가 충돌에 의한 것이라는 사실과 이것의 형성 연대가 바로 K/T 경계라는 사실을 밝혀냈다. 또한 크레이터 내부와 멕시코 부근에 있는 아이티공화국에서 발견된 유리 물질의 화학 조성과 형성 연대가 거의 일치한다는 사실도 밝혀졌다. 그 결과 연구자 대부분이 소행성 충돌설을 지지하게 되었다.

칙슐럽 크레이터

6500만 년 전의 유카탄 반도는 아열대 지역의 탄산염 지대라 불리는 지금의 바하마처럼 바다의 수심이 얕은 환경이었기 때문에 충돌 뒤에 탄산염 광물이 퇴적돼 크레이터 위를 2000미터가량이나 덮고 있었다. 이 결과 충돌 크레이터가 지하에 묻혀 발견이 어려웠던 것이다.

그런데 이렇게 지하에 묻혀 있던 충돌 크레이터를 대체 어떻게 발견한 것일까? 유카탄 반도의 멕시코만 쪽에는 대규모 유전이 있어 중력이나 지자기 등의 지구 물리 탐사가 이뤄지고 있는데, 그 덕분에 암석 시료를 확보할 수 있었던 것이다. 힐데브란트 등은 이러한 데이터와 암석 시료를 분석한 결과 이것이 K/T 경계에 형성된 충돌 크레이터라는 사실을 밝혀냈다.

충돌 크레이터의 중심부가 유카탄 반도 북부의 칙슐럽이라는 작은 마을 부근에 있어 칙슐럽Chicxulub 크레이터라는 이름이 붙여졌다(그림 7-2). 둥근 충돌 크레이터의 북쪽 절반은 해양에, 남쪽 절반은 유카탄 반도에 있었다. 지름 180킬로미터라면 지구 위에 있는 충돌 크레이터로서는 최대 규모에 속하는 것이다.

마츠이 다카노리松井孝典를 대표로 하는 도쿄대학교 연구팀은 칙슐럽 크레이터가 발견된 직후에 유카탄 반도에서 충돌 크레이터 일대의 지구 물리 탐사를 실시했다. 이 지역에서도 공룡을 멸종시킨 충돌 크레이터의 발견은 유명한 사건이었다. 조사를 위해 유카탄 반도를 동서로 수차례나 왕복했는데, 무엇보다도 가장 인상 깊었던 것은 새하얀 석회암으로 덮인 유카탄 반도가 끝없이 펼쳐져 있었던 일이다.

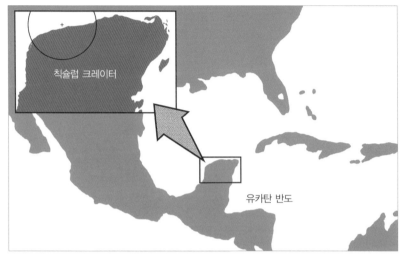

[그림 7-2] **칙술럽 크레이터의 위치**

칙술럽 크레이터

유카탄 반도

판게아 대륙이 분열해 대서양이 생겨나고 있다.

조사 지역에서는 마야의 후예들과도 만날 수 있었다. 그들은 자신들이 위대한 문명을 일으킨 마야족의 혈통을 이어받았다는 사실에 강한 자부심을 품고 있었고 비록 몸집은 작지만 용감하고 힘이 세다는 자랑을 많이 했다.

그런데 이 마야문명과 칙술럽 크레이터가 깊은 관련이 있다는 이야기를 들어본 적이 있는가? 거의 모든 고대 문명이 큰 강을 끼고 있다는 것은 이미 잘 알려진 사실이다. 그러나 유카탄 반도에는 강이 없다. 그래서 그들은 유카탄 반도 이곳저곳에 존재하는 '세노테cenote'라는 샘을 중심으로 도시 국가를 건설했던 것이다. 유명한 치첸이트사Chichen Itza 유적에도 성스러운 샘인 세노테가 있다. 세노테란 석회암이 빗물 등에 용식되어 형성된 천연 우물로 이른바 돌리네doline라 불리는 지형을 말한다.

매우 재미있는 것은 이 수많은 세노테를 지도에 표시하면 유카탄 반도

[그림 7-3] 칙슐럽 크레이터 부근의 세노테 분포도

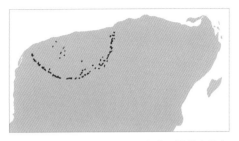

칙슐럽 크레이터를 따라 원형으로 분포해 있는 것을 알 수 있다.

북부에서 정확히 반원을 그린다는 사실이다(그림 7-3). 그렇다. 세노테는 바로 칙슐럽 크레이터의 둘레를 따라 분포해 있는 것이다!

이유는 잘 모르지만 아마도 지하에 있는 충돌 크레이터의 지형적인 영향으로 그 위에 퇴적한 석회암에 단층이 형성되면서 물길이 생겨난 것으로 추측되고 있다. 이 결과 충돌 크레이터의 둘레가 선택적으로 녹아서 세노테가 형성된 것은 아닐까? 세노테는 지하 수로를 통해 서로 연결되어 있는 것으로 보인다.

공룡을 멸종시킨 소행성 충돌이 있고 나서 6500만 년 뒤, 유카탄 반도에는 마야문명이 꽃을 피웠다. 그러나 지금은 이 마야문명도 멸망하고 일설에 따르면 K/T 경계에 있었던 소행성의 충돌 때문에 퇴적되었다는 석유를 현대인들이 채굴하고 있으니 역사의 아이러니라 하지 않을 수 없다.

2. 스트레인지러브 오션

소행성 충돌이란 어떤 현상인가?

지금까지 천체가 충돌하면 일어나는 일들에 관한 수많은 연구가 있었다. 충돌에 관한 이론 연구나 실내 실험 등 다양한 연구가 이루어지고 있다. 충돌로 형성되는 크레이터에 관해서도 달 표면이나 화성 표면에 보이는 충돌 크레이터를 중심으로 천체를 화상 해석한 방대한 연구 자료가 있다.

천체 충돌은 일종의 폭발 현상이다. 방사능은 유출되지 않지만 핵폭발에 필적할 만한 일들이 일어난다. 예를 들어 충돌 직후에는 '충돌 증기 구름'이라고 하는 버섯구름이 발생해 하늘 높이 올라간다. 이와 동시에 파인 지면에서는 '이젝터ejector'라는 대량의 파편이 커튼 모양으로 방출된다. 그리고 충돌 지점에는 거대한 함몰 지형인 충돌 크레이터가 형성된다.

냉전이 한창이었던 1980년대는 핵전쟁의 공포가 현실적인 문제였다. 유명한 천문학자 칼 세이건Carl Sagan은 핵전쟁이 발발하면 핵폭발로 대량의 분진과 에어로졸aerosol이 대기 상공으로 올라가 지구 전체를 덮어 햇빛을 차단한 결과 인류는 멸종한다는 결론을 내렸다. '핵겨울'이라는 이름이 붙은 이 시나리오는 핵전쟁에 승자는 존재하지 않는다는 사실을 명확히 밝혀낸 매우 의미 깊은 연구였다.

지름 10킬로미터 정도의 소행성이 지구에 충돌하면 어떻게 될까? 핵겨울을 생각하면 쉽게 이해가 될 것이다. 충돌 때문에 생긴 분진이 대기 상공으로 올라가 지구 전체를 뒤덮으면서 햇빛이 차단된다. 그렇게 되면 식물의 광합성 활동이 정지되어 식물을 먹는 작은 동물이 죽고 이어서 작은 동물을 먹는 대형 동물, 먹이사슬의 정점에 있는 대형 육식 공룡도 멸종을 피할 수 없게 된다. 이 시나리오는 '충돌 겨울impact winter'이라고 명명되어 소행성 충돌에 의한 공룡 멸종을 설명하는 이론으로 유명해졌다. 실제로 이 이론을 뒷받침하는 듯한 증거도 있다.

생물 펌프의 정지

당시 생물 종의 멸종은 육지에서만 일어난 것이 아니다. 해양에서도 많은 생물 종이 멸종했다. 그러나 멸종된 생물 종에는 공통된 특징이 있었다. 주로 해양 표층에 생식하는 생물이 선택적으로 멸종된 것이다. 심해저의 저생생물은 거의 아무런 영향을 받지 않았다. 이는 해양 표층의 1차 생산자인 식물성 플랑크톤이 충돌 겨울에 의해 멸종하고 이를 먹는 동물성 플랑크톤이 멸종함으로써 해양 표층의 생태계가 커다란 피해를 보았다는

[그림 7-4] 생물 펌프와 해양 내부의 탄소 동위원소 비

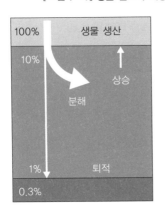
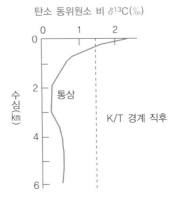

(왼쪽) 해양 표층에서는 생물의 광합성 활동으로 유기물이 생산되는데, 대부분 해양의 중층 부근에서 분해되어버린다. 이로 인해 탄소나 인 등의 영양 원소가 해양 중층에서 심층 부근에 축적된다. 이 구조를 생물 펌프라고 한다. (오른쪽) 생물 펌프에 의해 해양 내부의 탄소 동위원소 비는 중층에서 심층 부근에서 가벼워진다($\delta^{13}C$ 지표로 볼 경우에는 낮은 값, 실선). 이는 생물이 광합성 활동을 할 때 가벼운 탄소 동위원소를 더욱 많이 흡수하기 때문이다. 그런데 K/T 경계 직후에는 해양 내부의 탄소 동위원소 비가 표층과 심층 간에 차이가 없는 것처럼 보인다(점선). 이는 생물 펌프가 정지했을 가능성을 시사한다.

사실을 반영한 결과라고 본다.

이를 뒷받침하는 매우 흥미로운 또 다른 증거는 K/T 경계의 해수 탄소 동위원소 비의 변화이다. 해양 내부에서는 해양 표층에서 광합성 작용을 하는 생물에 의해 탄소 동위원소의 분별 효과가 발생하고 가벼운 탄소12가 생물에 의해 먼저 고정되므로 해양 표층수의 탄소 동위원소 비는 그 값이 뚜렷하게 크다. 그런데 이러한 생물의 유해나 분비물은 가라앉아 산화·분해된다. 그래서 해양 중층수의 탄소 동위원소 비는 확실하게 작은 값을 나타낸다(그림 7-4).

이때 생물의 필수 원소인 인 등의 영양염류도 비슷한 움직임을 보인다. 해양 표층수의 영양염류는 생물이 대부분을 사용하므로 농도가 0에 가깝

──────────────────────────

다. 그러나 해양 중층수나 심층수에서는 유기물이 분해되어 영양염이 방출되므로 농도가 매우 짙어진다.

이처럼 해양에서 물질의 수직 구조는 해양 표층에서의 생물의 광합성 활동과 생물의 유해, 분비물이 가라앉으면서 산화·분해되는 과정에 따라 형성된다. 그래서 이 과정을 '생물 펌프biological pump'라 한다.

K/T 경계에서의 해양 환경의 변화를 조사하려고 당시의 해저 퇴적물에서 유공충의 껍질을 채취해 탄소 동위원소를 분석한 연구가 있다. 유공충은 석회질의 껍질을 만드는 원생생물로서 해양 표층에 생식하는 부유성 유공충과 심해 퇴적물 표층에 생식하는 저생 유공충이 있다. 일부 부유성 유공충도 죽은 후에는 심해저에 퇴적된다. 그래서 양자를 현미경으로 식별해 각각의 탄소 동위원소 비를 측정함으로써 해양의 표층과 심층수 각각에 대한 탄소 동위원소 비의 변화를 알 수 있다.

그렇게 했을 때 과연 어떤 결과가 나왔을까? K/T 경계 직전 백악기 말기에는 부유성 유공충과 저생 유공충의 탄소 동위원소 비에 커다란 차이가 존재했다. 이는 현재와 같은 상황에서 생물 펌프가 작용하고 있었다는 것을 의미한다. 그런데 K/T 경계 직후 양자는 급격하게 같은 값을 나타낸다 (그림 7-4 오른쪽). 이는 해양에서 물질의 수직 균형이 사라졌다는 것, 즉 생물 펌프가 정지한 것을 의미한다.

바다 생물의 대량 멸종

생물 펌프가 정지했다는 것은 해양 표층에 서식하는 생물의 광합성 활동이 정지했음을 의미한다. 광합성 활동이 멈추면 연쇄 작용으로 해양 표층의 생태계 전체가 피해를 입는다. 이는 육상에서 공룡이 멸종한 것과 같은 현상이 해양에서도 발생했다는 것을 여실히 보여준다. 이 데이터를 최초로 제시한 스위스연방공과대학의 케네스 슈Kenneth Hsu 등은 이러한 상황을 '스트레인지러브 오션Strangelove Ocean'이라고 불렀다.

'스트레인지러브'라는 말을 금방 알아들은 독자는 아마도 상당한 영화광일 것이다. 〈닥터 스트레인지러브Dr. Strangelove〉(1964)라는 미국 영화가 있다. 부제가 '내가 걱정을 멈추고 폭탄을 사랑하게 된 이유'이다. 거장 스탠리 큐브릭Stanley Kubrick의 대표작 가운데 하나로 영화 〈핑크 팬더The Pink Panther〉 시리즈에서 클루조 형사 역할로 유명한 명배우 피터 셀러스Peter Sellers가 1인 3역을 했다. 미국과 소련이 냉전을 벌이던 시절 우발적인 핵전쟁의 공포를 그린 블랙 코미디 작품이다. 마지막 장면은 '인류를 멸종시키는 살인 병기'에 의해 인류를 포함한 지구의 모든 생물이 전멸한다는 것을 암시하고 있다.

지구의 생물이 전멸하면 해양의 생물 펌프가 멈춰 해양 내부 물질의 수직 구조도 소실된다. 바로 이것이야말로 K/T 경계 직후에 나타난 상황이 아닌가! 이것을 '스트레인지러브 오션(스트레인지러브 박사의 바다)'이라고 이름 붙이다니 정말 놀랄 만한 감각이다.

아울러 스트레인지러브 박사는 명백히 나치와 관련된 독일 태생의 미국

대통령 과학 고문이라는 설정을 해서는 이른바 미친 과학자의 전형으로 그려진다. 영화에서는 마지막에 등장해 광기 어린 연설을 할 뿐이지만 강렬한 캐릭터와 이를 연기한 피터 셀러스의 압도적인 명연기 덕분에 박사의 이름이 영화의 제목까지 될 수 있었다고 한다.

스트레인지러브 오션이라는 말을 들으면 아마도 대부분의 미국 연구자는 그 뜻을 금방 알아채겠지만 유감스럽게도 다른 나라 연구자는 그렇지 않다. 그래서 교과서 등에 예전에는 '편애 해양'이라는 이해하기 힘든 용어로 번역되어 실리기도 했는데, 이 정도는 애교로 넘겨야 하지 않을까 싶다.

그런데 스트레인지러브 오션 이후는 어땠을까? 적어도 200만 년에서 300만 년 정도는 대량 멸종의 영향이 계속되었다는 것을 탄소 동위원소비의 변화를 통해 알 수 있다. 다시 말해 생물의 대량 멸종 뒤에 그 생산성과 다양성을 회복하는 데 긴 시간이 걸리는 것이다.

'충돌 겨울'은 있었는가?

육상에서는 공룡과 같은 대형 동물뿐 아니라 식물도 대부분 멸종됐다. 세계 곳곳의 K/T 경계층에는 '그을음'이 포함되어 있다. 이것은 당시 육상 식물을 전부 태워버린 산림 화재의 흔적으로 보인다. 그 양으로 보아 육상 식물 대부분을 태워버릴 정도로 큰 산림 화재였던 것 같다. 그을음 또한 햇빛을 차단하기 때문에 직간접적으로 생물의 멸종에 관여했을 것이다.

K/T 경계 직후의 지층에는 '판 스파이크(풀고사리 포자의 증가)'라 불리는

특징이 있다. 이전의 다양했던 식물의 꽃가루 화석이 사라지고 풀고사리의 포자 화석이 늘어난 것이다. 식생이 회복할 때 먼저 풀고사리가 대두하는 것은 1981년 미국의 세인트헬렌스 산이 화산 폭발한 직후에도 나타난 일반적인 현상이다.

'충돌 겨울' 이론은 이러한 증거와 맞아떨어지지만 한편으로 대기 상공으로 올라간 먼지가 오랫동안 대기를 덮고 있는 것이 불가능하다는 사실도 알게 되었다. '충돌 겨울' 이론이 제창될 당시에는 완전한 암흑기가 적어도 수년 동안 계속되었다고 생각했지만 실제로는 수개월 만에 광합성 활동이 가능할 정도로 회복되었다. 그렇다면 소행성의 충돌로 지구의 생물이 대량 멸종했다는 것이 맞지 않게 된다.

1991년 일어난 필리핀 피나투보 산의 화산 폭발은 20세기 최대 규모였다. 이때 성층권으로 대량의 황산 에어로졸이 방출된 결과 일사량이 최대 몇 퍼센트가 감소해 지구 전체의 기온이 0.4도나 떨어졌다. 그렇다면 K/T 경계에서도 황산 에어로졸이 발생한 결과 햇빛이 현저하게 차단되었을 가능성은 없을까?

사실 K/T 경계에서 일어난 충돌 때문에 황산 에어로졸이 다량 발생했을 가능성이 있다. K/T 경계에서 소행성이 충돌한 지점이 얕은 해저였는데, 이 바로 아래의 해저 퇴적물에는 황산염 광물을 포함한 증발암이 있었다는 것이 밝혀졌다. 이것들은 충돌의 영향으로 석회암 등과 함께 용융 또는 증발했을 것이다. 다만 이 때문에 충분한 양의 황산 에어로졸이 발생했는지, 대량 멸종을 가져올 정도로 오랫동안 대기에 떠 있을 수 있었는지 등에 대해서는 여러 가지 해석이 제기되고 있어 아직 확립된 이론이 없는 실정이다.

이 밖에 소행성이 대기권에 진입하면 공기와의 마찰로 충격파가 발생한다. 이때 대기의 주성분인 질소 일부가 산화되어 일산화질소가 되고 이것이 오존층을 파괴하는 동시에 초산이 되어 지표에 떨어져 내렸을 가능성이 있다. 충돌 지점에 존재하는 황산염 광물의 증발로 황산 비도 내렸을 것이다. 이러한 산성비의 영향으로 해양 표층에 서식하는 부유성 유공충의 석회질 껍데기가 용해되었다고 생각하면 실리카의 껍질을 만드는 방산충에 비해 유공충이 선택적으로 멸종한 현상을 설명할 수 있다는 주장도 있지만 진위는 분명하지 않다.

어쨌거나 이렇게 여러 가지 증거가 즐비하지만 소행성 충돌과 대량 멸종의 직접적인 인과관계가 확실하지 않다는 사실은 놀라울 뿐 아니라 유감스러운 일이기도 하다. 그러나 연구해야 할 중요한 과제가 남아 있다는 의미에서 앞으로의 즐거움이 아직 끝나지 않았다고도 할 수 있다.

3. 해양 충돌

충돌 해일

영화 〈딥 임팩트Deep Impact〉(1998)는 지구와 충돌하는 거대한 혜성을 발견했을 때 인류가 어떻게 행동하는지를 그린 작품이다. 핵폭탄으로 혜성을 파괴하려는 발상은 같은 해에 만들어진 영화 〈아마겟돈Armageddon〉(1998)과 똑같다. 사실 혜성은 공극률이 높은, 즉 안이 비어 있는 구조여서 핵폭발 에너지를 흡수해버리기 때문에 사실 핵폭탄으로 혜성을 파괴하기는 어려운 일인데, 단순 명쾌함을 좋아하는 할리우드 영화에 이러한 진지함을 요구해봐야 소용없는 일일 것이다.

여기서 주목해볼 것은 〈딥 임팩트〉의 마지막 부분에 나오는 두 개로 쪼개진 혜성 가운데 하나가 대서양에 떨어지는 장면이다. 즉 K/T 경계 때와 마찬가지로 '해양 충돌'이 발생하는 것이다. 바다에서 충돌이 일어나면 거대 해일이 발생한다. 영화에서는 해일이 뉴욕 해안뿐 아니라 내륙까지 덮치는 모습을 보여줬다.

이것은 실제로 K/T 경계가 형성될 때 일어난 충돌 해일에 착안한 것 같다. K/T 경계에서는 해일 때문에 형성된 것으로 보이는 많은 퇴적물(해일 퇴적물이라고 한다)이 멕시코만에서 카리브해에 걸쳐 존재한다.

예를 들어 멕시코 북동부의 해안선에는 당시의 충돌 해일로 형성된 것으로 보이는 많은 해일 퇴적물이 분포해 있다. 이것들은 두께가 수 미터에 이르기도 하는데, 해일의 밀물과 썰물이 여러 번 반복된 모습을 관찰할 수 있다. 퇴적물의 구조를 보면 물결의 방향이 유카탄 반도를 향해 있다는 것도 알 수 있다.

심해성 해일 퇴적물

도쿄대학교 연구 그룹의 마쓰치 다카노리松井孝典, 타다 류지多田隆治, 도호쿠대학교의 고토 카즈히사後藤和久, 규슈대학교의 키요카와 쇼이치淸川昌一 등은 1997년부터 쿠바에서 K/T 경계의 해일 퇴적물을 조사했다. 쿠바는 충돌 지점에서 가까운 곳 가운데 하나로 충돌의 영향을 조사하기에 매우 적합한 곳이다.

조사 결과 두께가 수 미터에서 수백 미터에 이르는 '심해성' 해일 퇴적물 층을 여러 개 발견했다(그림 7-5). 통상적으로 해일 퇴적물은 '천해성淺海性'이다. 즉 대부분이 해일 때문에 육지에서 운반된 진흙이나 모래, 자갈 등이 얕은 바다에 가라앉은 천해성 퇴적물이다.

[그림 7-5] 쿠바에서 발견한 심해성 해일 퇴적물

심해성 해일 퇴적물

50m

땅이 미끄러져 내려온 퇴적물

두께가 100미터 이상이나 된다.

이에 반해 심해성 해일 퇴적물은 이전까지 알려진 천해성 해일 퇴적물과는 특징이 명백히 다르다. 해일이 발생하면 해양 내부도 요란해진다. 해일이 지나가면서 해저 퇴적물이 말려 올라가는 것이다. 이 결과 일반 지층이라면 오래된 퇴적물 위에 새로운 퇴적물이 순서대로 쌓이겠지만 해일이 지나간 부분만 균질하게 되어버린다.

사실 지금까지 심해성 해일 퇴적물은 지중해 해저에서만 발견되었다. 이것은 지금으로부터 약 3500년 전 산토리니 섬의 화산 폭발로 형성된 칼데라가 함몰하면서 발생한 해일에 의한 것으로 생각되고 있다. 이 해일 퇴적물은 균질한 특징 때문에 균질물 즉, '호모제네이트homogenate'라 불리고 있다.

우리가 쿠바에서 발견한 K/T 경계의 해일 퇴적물에는 호모제네이트와 같은 특징이 확인되었다. 나아가 생물 화석을 감정해보니 옛 시대의 생물 화석 위에 새로운 시대의 생물 화석이 퇴적돼 있을 뿐 아니라 여러 시대의 화석이 뒤섞여 있다는 것을 알 수 있었다. 이러한 특징은 'K/T 경계 칵테일'이라 불린다. 잘 혼합된 칵테일처럼 여러 시대의 생물 화석이 뒤섞여 있

제7장 공룡의 멸종을 초래한 소행성의 충돌

다는 의미이다.

쿠바의 K/T 경계 해일 퇴적물에는 멕시코의 해일 퇴적물과 마찬가지로 해일이 여러 번 반복되면서 생긴 것으로 보이는 특징도 확인되었다. 재미있는 것은 최초의 해일이 유카탄 반도를 향했던 것으로 보인다는 사실이다. 다시 말해 제일 처음 해일은 바다 쪽으로 빠져나가는 해일이었을 가능성이 있다는 것이다. 이는 해일의 발생 메커니즘과 깊은 관련이 있다.

반복된 해일

유카탄 반도에 지름이 10킬로미터가량인 소행성이 충돌한 결과 거대한 지진이 발생해(강도 13이라는 추정도 있다!) 유카탄 반도 주위가 붕괴되었다고 하자. 이때 발생하는 해일은 해안으로 밀려드는 해일이다.

그러나 만약 충돌로 형성된 충돌 크레이터에 바닷물이 흘러들어 가득 차고 이것이 다시 떠밀려나가는 일을 되풀이하면서 이 진동으로 해일이 반복되었다고 하면 최초의 해일은 바다로 빠져나가는 해일이 된다. 우리는 K/T 경계의 해일이 이러한 메커니즘에 의해 발생했다고 주장했다.

도호쿠대학교의 이마무라 후미히코今村文彦 등과 공동으로 수치 시뮬레이션을 해본 결과 이때 발생한 충돌 해일의 높이가 최대 300미터에 달했고 북아메리카 대륙의 내륙 300킬로미터까지 진입했다는 것을 알 수 있었다. 영화에서 보는 것처럼 굉장히 거대한 해일이었던 것이다.

당시 우리의 주장은 전혀 받아들여지지 않았다. 충돌 크레이터의 주위에는 '림'이라 불리는 지형적으로 높은 언덕이 형성되므로 주위에서 물이 흘러 들어올 수 없다는 것이었다. 충돌은 지진을 일으키기 때문에 당연히 유카탄 반도 주변이 대규모로 붕괴되어 해일이 발생했다는 것이 일반적인 생각이었다.

이 문제는 칙슐럽 크레이터 내부에서 채취한 시료를 분석하면서 결말이 났다. 충돌 직후 크레이터 내부에 물이 흘러 들어간 증거가 명백했던 것이다. 게다가 크레이터 내부의 퇴적물은 해일이 여러 번 반복되었음을 보여주고 있었다. 이는 우리가 생각하는 충돌 해일의 발생 메커니즘에 근거한 예상과 일치했다.

천체 충돌은 당연한 현상

그런데 영화 〈딥 임팩트〉의 결말은 쪼개진 다른 한쪽의 혜성을 핵무기로 파괴하는 데에 성공해 인류가 구원된다는 해피엔딩이었다. 조각조각 부서진 혜성의 파편이 아름다운 유성이 되어 하늘에서 쏟아져 내리는 마지막 장면이 매우 인상적이다.

하지만 실제로 이런 일이 생긴다면 지상에서는 큰일이 날 것이다. 대기에 진입한 파편들은 공기와의 마찰로 대기를 가열한다. 이러한 파편들이 대량으로 쏟아져 내리면 대기 온도는 올라가 지상을 향해 강한 열을 복사한다. 이렇게 되면 지표 온도는 수백 도까지 상승해 산림은 자연발화를 일으킬 가능성이 있다. 앞서 언급한 K/T 경계에서 일어난 충돌 당시 대규모

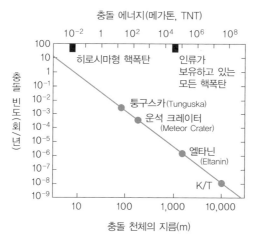

[그림 7-6] **천체 충돌의 빈도**

충돌 에너지(메가톤, TNT)

K/T 경계에서 발생한 충돌을 포함해 몇 가지 유명한 충돌 사건을 나타낸 것으로
큰 충돌은 아주 가끔 일어나지만 작은 충돌은 빈번하게 발생한다는 것을 알 수 있다.

의 산림 화재가 발생했던 것은 소행성 충돌로 방출된 충돌 파편의 일부나
충돌 증기 구름에서 응축된 고체 미립자들이 대기권에 재돌입하면서 바로
이 같은 현상을 일으켰기 때문일 것으로 생각하고 있다. 이렇게 생각하면
땅 위의 삼림 대부분이 소실된 이유를 이해할 수 있다. 사실은 소설보다 더
기막히다는 말이 있지 않은가!

천체 충돌은 확률적으로 언제든지 일어날 수 있다(그림 7-6). 물론 천체
의 크기는 다양하다. K/T 경계에서 일어난 것 같은 큰 충돌은 좀처럼 일어
나지 않는다. 그렇더라도 수억 년에 한 번 정도는 이 정도 규모의 충돌이
발생할 수 있다는 추정도 있으므로 긴 지구 역사에서 보면 종종 일어났다
고도 말할 수 있다. (다만 이러한 빈도로 이런 규모의 충돌이 있었다는 증거는 적
어도 지금까지는 발견되고 있지 않다.)

애초 K/T 경계에서 일어난 것과 같은 소행성의 충돌이야말로 반복해서 일어난 생물 대멸종의 원인이라고 생각해왔다. 그러나 그 같은 대규모 충돌이 적어도 현생대에서는 일어나지 않은 것 같다. 다만 K/T 경계에서 일어난 것보다 작은 규모의 충돌이 생물의 멸종과 관련이 있을 수 있다는 가능성을 완전히 부정할 수는 없지 않을까?

그런데 놀랍게도 히로시마형 원자폭탄 정도의 충돌 에너지, TNT 화약으로 환산해서 15킬로톤을 지닌 천체의 충돌은 해마다 수차례나 발생한다 (그림 7-6). 그렇지만 이렇게 충돌하는 천체는 크기가 작아서 대기권에 진입한 뒤 대기 상공에서 폭발해버리므로 걱정할 필요는 없다. 그러나 거대한 천체가 충돌하는 일이 갑자기 일어나는 것을 방지하기 위해 지구와 충돌할 가능성이 있는 천체를 감시하는 활동이 이뤄지고 있다.

천체와의 충돌은 태양계에서 보편적으로 일어나는 현상으로 지구 역사에서도 빈번하게 일어났지만 인류가 최근에서야 겨우 알아챘을 뿐이다. 천체 충돌이 지구환경에 어떤 변동을 가져오고 또 생물권에 어떤 영향을 미치는지 이해하는 일은 지금부터 해야 할 과제라고 할 수 있다.

| 제8장 |

그리고 현재의 지구환경

1. 빙하기와 간빙기는 규칙적으로 찾아오는가?

〈아이스 에이지Ice Age〉(2002)라는 컴퓨터그래픽으로 만든 애니메이션 영화를 본 적이 있는가? 배경은 약 2만 년 전의 빙하기, 매머드나 검치호랑이 등 지금은 멸종된 포유류가 주인공으로 등장하며 그들이 빙하기를 살아가는 모습을 재미있게 그린 작품이다. 이 영화의 속편인 〈아이스 에이지 2Ice Age 2〉(2006)에서는 빙하기가 끝날 무렵으로 이곳저곳에서 얼음이 녹기 시작하자 대홍수의 위험이 다가오는 가운데 주인공이 많은 동물과 함께 안전한 땅을 찾아 이동하는 모습을 그렸다.

현재 우리가 살고 있는 시기는 빙기가 끝나고 조금 따뜻해진 '간빙기'이지만 이들 영화의 무대는 전문적으로 '빙기'와 그 말기인 '터미네이션 Termination'이라 불리는 융빙기融氷期라고 하는 시대이다.

간빙기란 빙기와 빙기 사이에 있는 시대라는 의미인데, 이는 앞으로 다시 빙기가 찾아올 것을 암시한다. 현재의 지구에도 남극 대륙이나 그린란드에 거대한 빙하가 존재한다는 점에서 빙하시대로 분류된다는 것은 앞에서 이야기했다. 즉 빙하시대에 빙기와 간빙기라는 두 가지의 기후 상태가 존재하고 이것들이 교대로 반복된다. 전체 지구 역사에서 보면 현재(간빙기)를 결코 온난한 시대라고 할 수 없다. 어디까지나 빙하시대의 한 시기일 뿐이다.

산소 동위원소 비의 변동과 빙하기·간빙기 사이클

그림 8-1은 해저 퇴적물 속의 유공충 껍데기에 포함된 산소 동위원소의 비를 분석해 과거 80만 년 동안 어떻게 변화했는지를 나타낸 것이다. 유공충 껍데기는 탄산칼슘으로 이루어져 있는데, 이것에 함유된 산소 동위원소의 비는 해수 조성을 반영한다. 그러면 해수의 산소 동위원소 비의 변화는 과연 무엇을 의미하는 것일까?

산소에는 원자량이 다른 세 종류의 동위원소가 존재한다. 원자량이 16인 산소가 전체의 99.762퍼센트를 차지하고 그 외에 원자량 18인 것이 0.200퍼센트, 17인 것이 0.038퍼센트를 차지한다. 해수면에서 수증기가 증발할 때 원자량 16인 산소를 포함한 물 분자가 원자량 18인 산소를 포함한 물 분자보다 가벼워서 아주 약간 더 증발하기 쉽다.

반대로 비나 눈이 내릴 때는 원자량 18인 산소를 포함한 물 분자가 분자량 16의 산소를 포함한 물 분자보다 좀 더 응결되기 쉽다. 이 결과 대륙의 내륙부에 내리는 눈의 산소 동위원소는 가벼운 것의 비율이 커진다. 이는 대륙에 거대한 빙하가 형성되면 해양에는 무거운 산소 동위원소가 더 많

[그림 8-1] 과거 80만여 년 동안의 기후변동과 해수의 산소 동위원소 비의 시간 변화

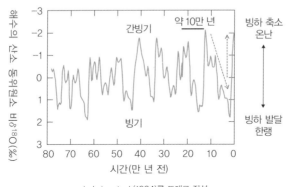

Imbrie et al.(1984)를 토대로 작성.

이 남겨진다는 것을 의미한다. 즉 해수의 산소 동위원소 비가 무겁다는 것은 대륙에 빙하가 발달했다는 것을 뜻한다.

물의 증발에는 온도도 영향을 미치므로 해수에 포함된 산소 동위원소 비의 변동은 수온과 빙하의 양에 영향을 받는다. 해양 표층수에 서식하는 부유성 유공충과 해저에 서식하는 저생 유공충 각각의 산소 동위원소 비를 조사하는 등의 방법으로 산소 동위원소 비의 변화 대부분이 빙하의 발달과 축소를 반영한 것이라는 점이 분명해졌다.

그림 8-1을 다시 한 번 살펴보자. 산소 동위원소 비의 변동은 빙하의 발달과 축소를 나타내는데, 이 반복은 사인 곡선처럼 좌우 대칭적이지 않고 톱날처럼 좌우 비대칭적이다. 즉 빙하는 서서히 성장하지만 녹을 때는 급격히 녹는다는 말이다.

어쨌거나 이런 결과는 기후가 주기적으로 변동한다는 것을 일목요연하게 보여준다. 앞서 언급했듯이 빙하시대에는 빙기와 간빙기라는 커다란

두 가지 상태가 있고 이것들이 교대로 거듭된다. 이것을 '빙기·간빙기 사이클'이라고 한다. 또한 현재를 기준으로 가장 최근의 빙기를 '최종 빙기', 이 바로 전의 간빙기를 '최종 간빙기'라고 부른다. 다만 '최종the last'이라는 것은 '마지막'이라는 의미가 아니라 '가장 최근의'라는 의미로 이해하는 편이 좋다. 빙기와 간빙기의 반복은 앞으로도 계속될 가능성이 크기 때문이다.

밀란코비치 가설

그림 8-1에서 빙기와 간빙기는 약 10만 년 주기로 반복되는 것을 알 수 있다. 이 주기적인 변동의 원인은 무엇일까?

사실 빙기·간빙기 사이클은 지구 궤도의 변동으로 발생하는 것으로 보인다. 이 이론은 제창자인 세르비아의 지구 물리학자인 밀루틴 밀란코비치Milutin Milankovitch의 이름을 따서 '밀란코비치 이론'이라 불리는데, 이 주기적인 변동을 '밀란코비치 사이클'이라고 한다.

좀더 구체적으로 말하면 지구 자전축의 기울기와 궤도의 이심률離心率(원궤도에서 벗어나는 정도) 변동, 혹은 지구의 세차운동歲差運動(자전축의 방향이 원을 그리듯이 변화하는 운동으로 팽이의 회전축이 기울어진 채 비틀거리며 돌아가는 것과 같은 현상) 등을 원인으로 하여 지구가 받는 태양복사 에너지가 위도에 따라 달라지거나 계절적인 강약이 변화하는 것이다. 이런 변화 주기는 빙기·간빙기 사이클에서 볼 수 있는 몇 가지 특징적인 주기, 약 2만 년, 약

4만 년, 약 10만 년 등과 일치하는 것을 알 수 있다. 따라서 이러한 궤도의 변동에 기인한 일사량 변동이 빙기·간빙기 사이클의 원인이라는 사실은 거의 틀림없다고 볼 수 있다.

다만 이것만으로 모든 것을 설명할 수 있는 건 아니다. 특히 빙기·간빙기 사이클에서 가장 현저한 10만 년 주기는 일사량 변동이 너무 적어서 빙기·간빙기 사이클을 설명하기에 부족하다. 지구 시스템 내부에 변동을 증폭시키는 어떤 과정이 있어야 하는데, 아마도 그것은 빙하의 무게 때문에 대륙의 기반암이 천천히 가라앉는 현상, 즉 빙하의 성장에 대한 고체 지구의 장기적인 반응이 중요한 역할을 담당하고 있는 것 같다. 하지만 아직 그 작동 방식을 완전히 이해하지는 못하고 있다.

이산화탄소는 어디로?

그림 8-2는 남극 빙하에서 채취한 아이스 코어에 함유된 기포, 즉 과거 대기의 성분을 분석한 데이터이다. 이 결과 대기에 존재하는 이산화탄소 농도의 변동은 기후변동과 상관관계가 있다는 것이 밝혀졌다. 이산화탄소 농도뿐 아니라 같은 온실가스인 메탄 농도도 마찬가지다. 즉 대기에 존재하는 온실가스의 농도는 빙기에는 낮아지고 간빙기에는 높아졌던 것이다. 게다가 이것이 10만 년을 주기로 규칙적으로 변동하고 있다.

빙기·간빙기 사이클이 온실가스 농도의 변화와 같은 움직임을 보인다는 것은 기후변동과 온실가스의 변동 사이에 어떤 인과관계가 있다는 것을

[그림 8-2] 과거 약 40만 년 동안의 기후변동

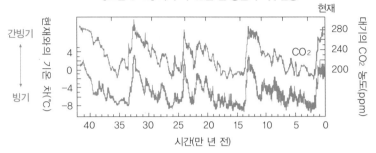

남극에서 채취한 아이스 코어(둥근 막대 모양 얼음 시료)의 분석 결과를 토대로 작성.
채취 지점의 기온(현재를 기준으로 한 기온 차)과 대기 중 이산화탄소 농도의 복원 결과.
Petit et al.(1999) 참고.

의미한다. 다만 온실가스의 변화가 먼저 일어나고 그 결과 기후변동이 발생했는지, 혹은 그 반대인지는 분명하지 않다. 얼음이 얼어 기포가 외부와 완전히 차단되기까지는 시간이 걸리기 때문에 얼음이 만들어진 시기와 차이가 생긴다는 복잡한 문제가 있어 양자의 인과관계에 대해서는 다양한 논쟁이 있다. 이산화탄소 농도의 변동은 탄소순환의 변동에 따른 것이므로 기후변동과 이산화탄소 농도의 변동 사이에는 한 단계가 더 있다는 사실도 문제를 더욱 복잡하게 한다. 그러나 인과관계가 어떤 것이건 이들 온실가스 농도의 변화가 기후변동을 증폭하고 있다는 사실은 부정할 수 없다.

그림 8-2를 자세히 보면 대기에 존재하는 이산화탄소의 농도는 간빙기에는 280ppm 정도, 빙기에는 180~200ppm 정도이다. 이 80~100ppm의 이산화탄소는 어디로 사라진 것일까? 이산화탄소 농도의 변동은 탄소순환의 변화에 따른 것인데, 이처럼 짧은 시간에 대기의 이산화탄소 농도를 변화시킨 것으로 보아 대기보다 60배가량 더 이산화탄소를 함유한 바다가

관여했을 가능성이 크다.

예를 들어 해양 순환이 약간 정체되거나 해양 표층 생물의 생산성이 커지면서 생물 펌프가 강해져 현재보다 많은 이산화탄소가 해양 내부에 축적되어 대기 중의 이산화탄소가 줄어들었을 가능성도 충분하다. 실제로 빙기에는 해양 순환이 현재보다 약해졌고 남극 대륙을 둘러싼 바다인 남대양 등 일부 해역에서 생물 생산성이 증가했다는 사실이 해저 퇴적물을 연구해 밝혀지기도 했다. 유감스럽게도 대기 중에 존재하는 이산화탄소의 농도 변동에 관한 메커니즘의 전모는 아직 분명한 것은 아니다.

지금으로부터 약 2만 년 전 최종 빙기가 한창일 때는 한랭한 기후 때문에 육상 식물도 현재와는 달랐고 토양에 축적된 탄소의 양은 현재보다 650기가톤이나 적었던 것으로 추정된다. 이는 그만큼의 이산화탄소가 해양에 녹아들었을 것이라는 뜻이다. 다시 말해 그 정도 양의 이산화탄소가 소비되지 않으면 대기 중에 존재하는 이산화탄소의 양은 줄지 않는 것이다.

대기에 존재하는 이산화탄소의 농도 변화는 지금 문제가 되고 있는 지구온난화와도 깊은 관련이 있어 탄소순환 시스템의 움직임을 해명하는 것이 급선무이다. 대기 중에 존재하는 이산화탄소의 증가와 감소에 어떤 프로세스가 관여하는지 이해하기 위해 이런 과거의 실례를 상세히 연구하는 것이 중요하다.

2. 갑자기 찾아온 한랭화 – 영거 드라이아스

영화 〈투모로우The Day After Tomorrow〉(2004)에서는 지구온난화 과정에서 갑자기 기후변동이 발생해 지구가 빙하기에 돌입하게 되는 이야기다. 우왕좌왕하는 사이에 급작스럽게 빙하기를 맞게 되는 할리우드 영화 특유의 강렬한 스토리 전개이다. 그러나 영화의 아이디어 자체는 과거에 일어났던 실제 사건에 기초한 듯하다.

약 1만 2900년 전 최종 빙기가 끝나고 현재의 간빙기를 가리키는 완신세라고도 하는 후빙기postglacial age로 이행하는 온난화 과정 중에 갑자기 한랭화가 발생했던 것으로 알려져 있다. 약 1만 2900년 전에서 1만 1500년 전 사이에 지구는 빙기로 되돌아가버렸다. 이것이 '영거 드라이아스Younger Dryas'라 불리는 사건이다.

컨베이어 벨트

영거 드라이아스라는 이름은 북반구의 극지나 높은 산 같은 한랭지에 생육하는 담자리꽃나무Dryas octopetala라는 식물의 꽃가루가 이 시기에 늘어났다는 것에 유래한다. 컬럼비아대학교의 월리스 브로커Wallace Broecker 는 이 현상이 북대서양 해양 심층수의 형성이 약해지면서 일어난 것이라는 이론을 내놓았다.

현재의 북대서양에는 따뜻한 멕시코만류와 이어지는 북대서양해류라는 난류가 흐르고 있다. 이 해류 때문에 유럽은 고위도이면서 상대적으로 매우 따뜻하다. 예를 들어 영국 런던은 북위 51도, 프랑스 파리는 북위 49도에 위치한다. 일본으로 말하면 북위 43도의 홋카이도보다 훨씬 북쪽이다. 그럼에도 런던이나 파리의 기후는 매우 따뜻하다. 그 이유는 따뜻한 북대서양해류 덕분이다.

유럽 서해안을 북상하는 이 난류는 대기에 대량의 수증기를 공급함으로써 스스로 염분이 농축되어 밀도가 높아진다. 그리고 그린란드 앞바다에 도착할 때까지 계속 냉각되어 더욱 밀도가 높아진 해수는 해양 심층으로 가라앉는다. 이렇게 해서 형성된 '심층수'는 대서양 심부를 남하해 남극 부근에서 가라앉은 해수와 합류해 인도양이나 태평양으로 흘러 들어가 1000년 이상의 시간을 거쳐 최종적으로는 북태평양까지 도달한다. 이 흐름을 보충하듯이 해양 표층의 물은 북태평양에서 인도양을 거쳐 북대서양을 향해 흐른다. 이것이 현재의 해양 대순환의 대략적인 모습으로 브로커에 의해 '컨베이어 벨트'라는 이름이 붙여졌다(그림 8-3).

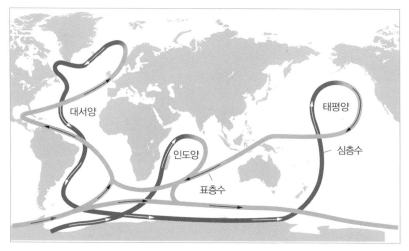

[그림 8-3] 현재의 해수 대순환

브로커 컨베이어 벨트라고도 불린다. 그린란드 앞바다에서 심층수가 형성되어
이것이 전 세계를 돌아 다시 그린란드 앞바다로 돌아온다.

해양 대순환은 열을 남북 방향으로 운반하는 시스템이기도 하여 지구의
기후에 큰 영향을 미친다. 그런데 빙기에는 앞서 언급했듯이 컨베이어 벨
트가 약해졌다는 증거가 있다. 유럽의 기후는 컨베이어 벨트가 약해지면
서 지금보다 한랭해진 것으로 보인다. 실제로 빙기에는 북유럽을 중심으
로 '페노스칸디아Fennoscandia 빙하'가 넓은 지역을 덮고 있었다.

컨베이어 벨트는 빙기가 끝나면서 회복되었는데, 흥미롭게도 영거 드라
이아스기에 다시 약해진 것 같다. 영거 드라이아스기에 다시 추워진 이유
는 바로 컨베이어 벨트가 약해졌기 때문인 듯하다. 대체 왜 온난화 과정에
서 컨베이어 벨트가 다시 약해진 것일까?

다시 추워진 이유는?

마지막 빙기에 북아메리카 대륙은 '로렌타이드Laurentide 빙하'라 불리는 거대한 빙하에 덮여 있었다(그림 8-4). 로렌타이드 빙하는 마지막 빙기가 끝나고 막 따뜻해지려는 무렵 꽤 작아져 후퇴해 있었다. 그리고 빙하에 덮였던 지역에는 거대한 빙하호가 생겨났다. 빙하호란 빙하가 녹은 물이 모이면서 생긴 천연적인 댐과도 같은 호수이다. 당시 북아메리카에 형성된 이 빙하호는 '아가시Agassiz 호수'라 하는데, 지금의 오대호를 합한 것보다도 컸던 것으로 추측된다. 아가시 호수의 물은 미시시피 강을 따라 멕시코만으로 흘러갔다.

그런데 브로커는 로렌타이드 빙하가 후퇴하는 과정에서 갑자기 경로가 변해 대량의 담수가 세인트로렌스 강을 따라 북대서양으로 흘렀을 가능성

[그림 8-4] **로렌타이드 빙하(북아메리카 대륙을 덮고 있는 흰색 부분)의 분포**

이 있다고 생각했다. 실제로 멕시코만의 표층수에서 얻은 유공충의 산소 동위원소 비는 이전까지는 빙하가 녹은 물의 영향으로 매우 가벼웠는데, 영거 드라이아스를 경계로 급격하게 무거워지고 있다.

이 대규모의 경로 변경 때문에 북대서양에는 담수가 대량으로 유입된다. 담수는 염분을 함유하고 있지 않아서 밀도가 낮다. 이 결과 북대서양은 가벼운 물이 덮고 있는 상황이 되면서 그린란드 앞바다에서 해수가 가라앉지 않게 된 거라고 생각한 것이다. 이 결과 유럽은 높은 위도에 맞는 본래의 한랭한 기후로 되돌아갔다. 이것이 영거 드라이아스기에 발생한 사건인 것이다.

이처럼 해수의 순환이 변하면 기후에 커다란 영향을 미친다. 특히 북대서양 북부는 심층수가 형성되는 장소, 즉 컨베이어 벨트의 스위치가 켜지고 꺼지는 장소이기 때문에 오늘날 기후 시스템의 변화에 열쇠가 되는 해역이다.

아울러 영거 드라이아스기의 한랭화 현상은 북반구 전역에 영향을 미쳤지만 남반구에 미친 영향은 제대로 파악되지 않고 있다. 이는 영거 드라이아스기의 한랭화 원인이 대기에 존재하는 온실가스의 농도 변화와는 달리 기후 시스템 내부의 열 분배 변화에 의한 것이기 때문인 듯하다. 이는 다음 절에서 설명하는 것처럼 기후 시스템이 다른 '기후 상태'로 변했다고 봐야 할지도 모른다.

클로비스 문화의 소멸과
천체 충돌 그리고 갑작스러운 한랭화

그런데 영거 드라이아스를 둘러싼 연구가 최근 재미있는 방향으로 전개되고 있어 간단히 소개한다. 북아메리카 대륙의 이 시기 지층에서 검은색 층이 발견된다. 이 층의 정체는 이리듐을 함유한 자성 입자, 자성을 지닌 구형 입자이다. 목탄, 그을음, 아주 작은 다이아몬드, 지구 외의 헬륨 조성을 지닌 플러린fullerene(다수의 탄소 원자로 구성된 클러스터 모양의 물질) 등이라는 사실이 판명되었다.

이것들은 모두 천체의 충돌로 생겨났을 가능성이 크다는 점에서 지금부터 1만 2900년 전에 북아메리카 대륙에 혜성 혹은 소행성이 충돌해 대규모의 산림 화재가 일어났을 가능성이 대두되었다. 충돌 크레이터가 발견되지 않았기 때문에 이 천체는 로렌타이드 빙하 위에 충돌했거나 혹은 그 상공에서 폭발했을 가능성이 제기되고 있다.

영거 드라이아스 직전에 북아메리카에서는 매머드를 비롯한 대부분의 대형 동물이 멸종했고 동시에 '클로비스Clovis 문화'라 불리는 석기 문화가 갑자기 그 모습을 감추었다. 클로비스 문화란 빙기에 시베리아에서 이주해온 사람들이 세운, 아마도 북아메리카 최초의 선주민 문화로, 끝을 날카롭게 간 길이 7~12센티미터 정도의 돌로 만든 찌르개가 특징적이다. 클로비스의 찌르개는 미시시피 강 중류 지역에서 많이 출토되기는 하지만 북아메리카 전 지역에서 매머드를 비롯한 다양한 동물의 뼈와 함께 발견된다. 그러나 수백 년 동안 이어져온 이 문화가 어째서 1만 3000년 전쯤에 갑자기 모습을 감추었는지는 아직 커다란 수수께끼로 남아 있다.

　대형 포유류의 뼈나 클로비스 석기는 북아메리카 전역에 걸쳐 검은색 층 아래에서만 발견된다. 이 검은색 층이 천체의 충돌로 형성된 것이라면 그 충돌로 로렌타이드 빙하가 대규모로 녹아 영거 드라이아스기의 한랭화로 이어졌고 이에 따라 대형 동물이 멸종되고 클로비스 문화가 멸망했다는 가능성마저 제기된다. 이렇게 생각하면 모든 것들이 잘 들어맞는다고 연구자들은 주장한다.

　이 주장을 검증하려면 아마 상당한 시간이 걸릴 것이고 완전히 틀렸다는 결론이 날지도 모른다. 천체의 충돌과 생물의 멸종에 관해서는 지금까지 K/T 경계 이벤트 외에도 여러 가지 가능성이 제기되고 있지만 대부분 증거가 부족하거나 모순된 것들뿐이다. 그러나 만약 이 이론이 사실이라면 지구 역사에서는 비교적 최근인 약 1만 2900년 전에 발생한 천재지변이 환경이나 인류 역사에 영향을 미쳤다는 것이 명백해진다는 점에서 매우 귀중한 발견이라 할 수 있다. 앞으로의 연구 성과가 기대된다.

3. 안정된 기후와 인류 문명의 번영

단스가드 오슈가 이벤트

그림 8-5를 보자. 이것은 그린란드에서 채취한 아이스 코어를 이용해 최근 20만여 년 동안의 산소 동위원소 비를 매우 높은 정밀도로 자세히 조사한 결과이다. 마지막 빙기에는 상당히 급격하고 격렬한 기후변동이 있었다는 것을 알 수 있다.

이 변동은 급격하게 일어난 것이 큰 특징으로 발견자 등의 이름을 따서 '단스가드 오슈가 이벤트Dansgaard-Oeschger event'라 불린다. 수년에서 수십 년의 짧은 기간 동안 기온이 수 도에서 10도 넘게 상승해 급격하게 온난해지고 그뒤 수백 년 혹은 그 이상에 걸쳐 완만하게 한랭해진 것이 단스가드 오슈가 이벤트의 특징이다. 이러한 변동의 반복이 마지막 빙기에는 24번이나 일어나 '단스가드 오슈가 사이클'이라 불린다. 여러 가지 다른 의견들이 있지만 이 온난화와 한랭화의 반복에는 1500년 정도의 준주기성

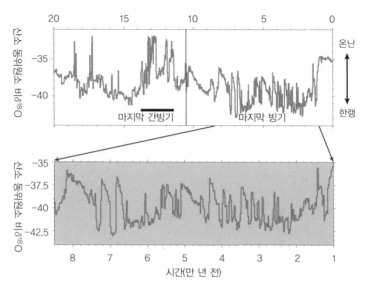

[그림 8-5] 과거 약 20만 년 동안의 기후변동

그린란드 빙하에서 채취한 아이스 코어의 산소 동위원소 비의 분석 결과. Dansgaard et al.(1993)을 토대로 작성.

이 있다고 한다. 이러한 급격한 온난화는 오늘날 나타나는 지구온난화의 시간이나 규모와 비교할 수 있다는 점에서 자세히 조사해야 할 가장 중요한 과제라고 할 수 있다.

단스가드 오슈가 이벤트와 궤를 같이하는 변화가 그린란드에서 수천 킬로미터 떨어진 일본을 포함한 동아시아에서도 명백하게 나타난다. 다만 이것은 온난화 현상이라고 단언할 수는 없고 단지 강수량의 변화나 생물 생산성의 변화로만 나타날 뿐이다. 이것은 북대서양의 기후 변화가 대기 대순환에 영향을 미쳐 그 효과가 북반구 전체로 퍼진 것으로 생각할 수 있다.

한편 남극 빙하에서 채취한 아이스 코어에서도 최종 빙기에 약하기는 하지만 온난화가 반복되었다는 것이 인정되어 단스가드 오슈가 이벤트와 대

——————————————————————— 제8장 그리고 현재의 지구환경

응 관계에 있다고 추측된다. 다만 그린란드와 남극에서 채취한 아이스 코어에 나타난 변동을 비교해보면 변동이 동시에 일어나지 않았다는 것을 알 수 있다. 남극의 온난화는 그린란드의 온난화보다 수천 년 앞서 있다. 때마침 그린란드는 이때 한랭화의 절정기였다. 이것은 대체 어떤 의미일까?

기후 점프

사실 단스가드 오슈가 이벤트와 함께 그린란드와 남극의 기후는 반대로 변화하고 있었다. 즉 그린란드가 온난할 때 남극은 한랭하고 그린란드가 한랭할 때 남극은 온난했던 것이다. 이러한 점에서 이 변동이 기후 시스템 내부의 열 분배와 관련 있다고 보인다. 다시 말해 북대서양 심층수가 형성되는 현재와 같은 조건에서는 대서양 저위도의 열이 북쪽으로 효과적으로 운반되고 있는데, 북대서양 심층수의 형성이 정체되면 열이 북쪽으로 운반되기 어려워지는 것은 아닐까? 이 결과 그린란드와 남극의 기후변동 위상位相이 반대로 될지도 모른다.

이 같은 구조는 '바이폴러 시소bipolar seesaw'라 불린다. 양극의 기후변동이 시소처럼 위상이 반대로 되어 있다는 의미이다. 북대서양 심층수의 형성은 지구의 남북 사이 열 수송을 담당하고 있다는 점에서 기후 시스템은 이 움직임에 매우 민감하다.

나아가 북대서양 북부에서 마지막 빙기에 형성된 해저 퇴적물에서 드롭스톤이 반복해서 나타난다. 이는 로렌타이드 빙하의 북부가 반복해 붕괴

됨으로써 빙산이 대서양을 떠다니다가 속에 있던 돌을 해저에 떨어뜨린 것으로 추측된다. 이것을 '하인리히 이벤트Heinrich event'라고도 한다. 드롭스톤은 대략 7000년을 주기로 반복해서 출현한다. 빙하가 성장하면 빙하 바닥의 온도가 상승하고 이어서 얼음의 융점을 넘으면서 대규모의 빙하 붕괴가 반복해서 발생하는 것으로 추측된다. 빙하는 서서히 녹는 것이 아니라 바닥 면이 미끄러지면서 급격하게 붕괴된다. 이것은 빙하가 성장하면서 일어나는 자율적인 진동일지도 모른다.

이러한 현상은 앞서 언급했듯이 갑자기 그리고 급격하게 일어난다는 특징이 있다. 이러한 의미에서 이것은 눈덩이 지구에서 발생했다고 보이는 기후 점프와 유사한 현상으로 추측되기도 한다. 즉 지구의 기후 시스템에는 다양한 기후 상태(기후 모드)가 존재하고 기후 사이의 변화는 서서히 일어나는 것이 아니라 특정한 '임계 조건'에 도달하면 기후 점프를 일으켜 어떤 기후에서 다른 기후로 갑작스럽고 급격하게 변할 가능성이 있다.

우리는 이러한 기후 점프를 경험해보지 않았기 때문에 충분히 인식하기 어렵다. 지금의 지구온난화 과정에서 이러한 기후 점프가 일어날 수 있는지에 대해서도 아직 잘 모른다. 과거의 기후변동을 보다 치밀하게 연구해야 하는 이유가 바로 여기에 있는 것이다.

간빙기의 기후는 안정적이었나?

그런데 지금이 간빙기이기 때문에 최종 간빙기의 기후가 어땠는지 매우 궁금하지 않을 수 없다. 그림 8-5를 보면 약 13만 년 전에서 12만 년 전 최종 간빙기에도 커다란 기후변동이 있었던 것처럼 보인다.

사실 이 그린란드의 아이스 코어는 최종 간빙기보다 이전 시대의 기록이 섞여 있기 때문에 올바른 결론을 내리기 어렵다는 사실이 밝혀졌다. 그래서 같은 그린란드에서 최종 간빙기의 기록이 남아 있을 가능성이 큰 다른 장소에서 아이스 코어를 새로 채취해 2004년 분석한 결과가 발표되었다.

매우 유감스럽게도 최종 간빙기의 전반 수천 년 동안의 기록은 역시 오염되어 있어 논의 대상이 될 수 없었다. 그러나 마침내 최종 간빙기의 후반 수천 년 동안의 깨끗하고 상세한 기록을 얻을 수 있었다. 그 결과 최종 간빙기의 기후는 최종 빙기와는 달리 매우 안정적이었다는 증거가 발견되었다. 적어도 최종 간빙기 후반에는 단스가드 오슈가 이벤트와 같은 변동은 없었던 것이다.

만일 이것이 사실이라면 이는 우리 인류에게는 희소식이다. 마찬가지로 간빙기인 지금의 기후도 안정적이라는 말이 되기 때문이다.

실제로 그림 8-5를 보면 과거 1만 년 동안은 놀라울 정도로 안정적인 기후가 계속되었다는 것을 알 수 있다. 최종 빙기와 비교하면 그 차이가 뚜렷하다. 인류가 문명을 싹 틔운 것은 바로 이 시대의 일임을 생각하면 인류 문명의 번영은 후빙기의 기후가 안정된 덕분이라고 생각할 수 있다.

그러나 현재의 안정된 기후 상태가 지구온난화로 인해 혹 붕괴된다면 마지막 빙기처럼 매우 불안정한 기후 상태가 되어 급격한 기후변동이 반복해 발생할 우려는 없을까? 지금 시점에서는 뭐라 말할 수 없다. 우리는 아직 지구의 기후 시스템을 거의 이해하지 못하고 있다. 마지막 간빙기 전반이 안정된 기후였는지도 앞으로 밝혀내야 할 과제이다.

최종 간빙기의 기후는 현재보다 온난했던 것으로 알려져 있다. 현재보다 기온이 대략 3~5도, 바다의 높이는 4~6미터나 높았다고 한다. 현재보다 온난한 기후였기 때문에 그린란드나 남극의 빙하가 녹아 있었을 것이다. 이는 앞으로 벌어질 모습을 보여주는 듯하여 두려움을 일으킨다.

이렇게 생각해보면 앞으로 벌어질 지구환경의 변화를 예측하려면 지금뿐만 아니라 과거의 변동에 대해 이해할 필요가 있다는 것을 알 수 있다.

4. 앞으로의 지구환경 - 과거로부터의 가르침

지금까지 이야기한 것처럼 현재의 기후는 지구 역사에서 보면 한랭한 빙하시대이다. 다만 빙하시대 중에서 온난한 간빙기에 속한다. 이러한 관점은 현재의 지구만을 관측해서는 결코 얻을 수 없다. 과거를 알게 되면서 비로소 현재를 상대화해 이해할 수 있다.

탄생 이래 지구환경은 끊임없이 변동을 거듭했고 앞으로도 같은 기후 상태가 오랫동안 유지되지는 않을 것이다. 이 또한 과거 지구환경이 변동한 기록을 보면 분명하다. 지구환경은 변동하는 것이 본질이기 때문이다.

그런데 앞서 언급했듯이 최근 1만 년 동안은 기후가 예외적으로 안정되어 있었다. 그리고 이것이야말로 인류가 문명을 일으킬 수 있었던 중요한 요인이었을 것이다. 실제로 과거에 문명이 전쟁 등의 인위적인 요인 외에 타격을 입거나 멸망했던 것은 지구 규모의 건조화로 인한 물 부족이나 추운 여름으로 인한 농작물의 흉작 등도 중요한 요인이었던 것으로 보인다.

이렇게 생각하면 과거 1만 년 동안 상대적으로 안정된 기후가 인류 문명

[그림 8-6] 과거 1만 년간 이산화탄소 농도의 변화

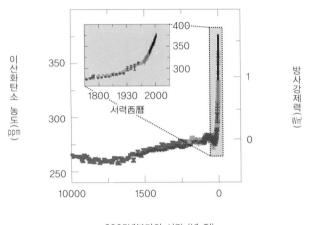

2005년부터의 시간 (년 전)

도표 안에 삽입된 작은 표는 1750년 이후의 변화를 확대한 것이다.
IPCC 제4차 평가보고서 제1작업부회 정책결정자용 요약 중에서.

이 발전하는 데 있어 빼놓을 수 없는 조건이었다는 것은 틀림없는 사실이
다. 최종 빙기에서 볼 수 있는 갑작스럽고 급격한 기후변동이 반복된다면
하나의 문명이 장기적으로 유지되기 어려울지도 모른다.

　그러나 인류는 18세기 산업혁명 이후 석탄이나 석유 등 화석연료를 대
량으로 소비하고 있다. 화석연료는 광합성 작용을 하는 생물의 사체가 변
한 것으로 다량의 이산화탄소가 고정되어 있다. 따라서 산소와 결합해 연
소하면 다시 이산화탄소가 되어 대기 중으로 방출된다. 인류는 이를 연소
해서 얻을 수 있는 에너지를 이용하려고 화석연료를 물 쓰듯이 쓰고 있다.
현대 문명과 우리들의 풍요로운 생활은 화석연료 덕분이라고 해도 과언이
아니다. 하지만 그 결과 대기에는 이산화탄소가 지속적으로 늘어나고 있
다(그림 8-6).

대기 중에 존재하는 이산화탄소의 농도는 최종 빙기 이후부터 18세기의 산업혁명까지 계속 280ppm 정도였다. 이것이 지금은 380ppm을 웃돌 정도로 급격히 증가했다. 이는 적어도 과거 80만 년 동안 빙기·간빙기 사이클에서 나타난 이산화탄소 농도를 훨씬 웃도는 것이다. 이산화탄소는 온실가스이므로 당연한 결과로 현재 지구온난화가 진행되고 있는 것이다.

인류가 방출하는 이산화탄소의 양은 화산 활동으로 나오는 양의 300배가량이나 된다. 즉 인류는 탄소순환에 개입해 자연 상태를 크게 바꾸고 있다. 이 같은 의미에서 지금 우리가 하는 일은 지구를 상대로 한 장대한 '실험'이라고 할 수 있다.

기후변동에 관한 정부 간 패널 제4차 평가 보고서에서는 이대로 간다면 지구온난화를 피할 수 없다고 한다. 이는 지금 시점에서 인류의 지식을 총동원한 예측 결과이다. 그러나 앞으로 100년이 흐른 뒤의 지구가 어떤 상태일지 정확히 예측하는 것은 매우 어렵다. 이산화탄소의 농도 증가에 직면한 인류 사회가 화석연료 소비와 관련해 어떤 선택을 할지, 또 탄소순환이나 기후 시스템이 어떻게 반응할지 예측할 수 없기 때문이다.

또한 예측하지 못한 현상이 일어날 가능성도 늘 존재한다. 그러나 온난화 과정에서 어떤 일이 발생할지 닥쳐봐야 알겠다며 내버려두기에는 그 위험성이 너무 크다. 그래서 우리는 화석연료의 소비를 되도록 억제하는 동시에 현재의 지구를 자세히 연구하고 과거에 발생한 기후변동을 연구할 필요가 있는 것이다. 온난화뿐 아니라 한랭화나 그 밖의 다양한 과거 지구 환경의 변동에 관한 지식이 지구 시스템의 움직임을 더욱 깊이 이해할 수 있게 하고 미래의 지구환경을 예측하는 데에도 직간접적으로 도움이 될 수 있다.

　인류의 역사는 짧다. 나아가 인간의 삶은 더욱 짧다. 따라서 인류는 역사를 통한 배움을 소중히 해야 한다. 과거의 지구에서 미래를 배우자. 지금이야말로 인류는 그 중요성을 깨달아야 할 때이다.

이 책에서 언급한 주제에 관심을 갖고 더욱 깊이 알고자 하는 일반 독자를 위해 다른 시각에서 집필된 참고문헌을 소개한다.

먼저 지구에 대한 개념들을 '지구행성시스템과학'적인 관점으로 정리하려고 하는 분께는

- 도쿄대학 지구행성시스템학과 강좌편,『진화하는 지구행성시스템』, 도쿄대학 출판회(2004년)
- 도리우미 미츠히로鳥海光弘편(이와나미 강좌 지구행성과학 제2권),『지구시스템과학』, 이와나미서점(1996년)

을 추천한다. 전자는 도쿄대학 대학원 이학계 연구과 지구행성과학 전공 과정에 개설된 지구행성시스템과학 강좌의 교수진이 일반인을 대상으로 새로운 지구나 행성의 개념에 대해 구체적인 예를 들어 소개한 것이다. 이

에 반해 후자는 지구시스템과학의 기본적 개념을 정리한 초보자 대상 교과서이다.

지구 역사 전반에 대해 더욱 공부하고자 하는 분께는
- NHK '지구대진화' 프로젝트편, 『NHK 지구대진화 46억 년·인류를 향한 여행』(전6권), NHK 출판(2004년)
- 가와카미 신이치川上伸一, 『함께 진화하는 생명과 지구』, 일본방송출판협회(2000년)
- 마루야마 시게노리丸山茂德·이소자키 유키오磯崎行雄, 『생명과 지구의 역사』, 이와나미서점(1998년)

등이 좋겠다. 두 권 모두 지구와 지구환경, 생명의 진화에 관한 비교적 새로운 이론이 일반인을 대상으로 정리되어 있다.

더욱 깊이 있게 공부하려는 분께는 대학의 교양 수준이나 대학원 수준의 교과서로서

- 다이라 아사히코平朝彦, 『지구의 탐구』, 이와나미서점(2007년)
- 마츠모토 료松本良·우라베 데츠로浦辺徹郎·다지카 에이이치田近英一, 『행성 지구의 진화』, 방송대학 교육진흥회(2007년)
- 구마자와 미네오熊澤峰夫·이토 다카시伊藤孝·요시다 시게오吉田茂夫 편, 『전 지구 역사 해설』, 도쿄대학출판회(2002년)
- 다이라 아사히코 편(이와나미 강좌 지구행성과학 강좌 제13권), 『지구진화

론』, 이와나미서점(1998년)

등이 좋겠다. 처음 두 권은 초보자라도 충분히 이해할 수 있을 정도로 쉽게 쓰여 있다. 특히『지구의 탐구』는 심도 있는 인류사에 대한 관점으로 지구 역사를 정리한 야심적인 교과서이다. 『지구진화론』에는 이 책의 전반에 저술된 내용에 대해 더욱 상세한 해설이 있다.

지구 역사에서, 특히 눈덩이 지구 이론에 대해 더욱 자세히 알고 싶은 분들께는

- 다지카 에이이치, 『얼어붙은 지구 – 눈덩이 지구와 생명진화에 관한 이야기』, 신초샤(2009년)
- 가브리엘 워커 Gabrielle Walker, 『눈덩이 지구』(와타라이 게이코 渡会圭子 역), 사가와서방(2004년)

을 추천한다. 두 권 모두 눈덩이 지구라는 새로운 이론이 제창된 배경부터 이론을 둘러싼 논쟁까지 일반인을 대상으로 쉽게 설명하고 있다.

또한 소행성 충돌에 의한 공룡의 멸종에 관해 더 알고 싶은 분들께는

- 마츠이 다카후미 松井孝典, 『재현! 거대운석충돌 6500만 년 전의 수수께끼를 푼다』, 이와나미서점(2009년)
- 월터 앨버레즈, 『멸종의 크레이터 티라노사우루스 렉스 최후의 날』

(츠키모리 사치 月森佐知 역), 신평론(1997년)

등이 좋을 것이다. 후자는 소행성 충돌설을 최초로 주장한 연구자 본인이 직접 쓴 저서로 연구의 배경과 당시의 상황이 자세히 묘사되어 있어 흥미 롭다.

한편 현재를 포함한 제4기의 빙기·간빙기 사이클에 대해 더욱 깊이 알 고자 하는 분들께는

- 오코우치 나오히코 大河內直彦, 『체인지러브 블루 – 기후변동의 수수께 끼를 푼다』, 이와나미서점(2008년)

을 꼭 읽어보도록 추천한다. 고기후학·고해양학 분야의 연구자 현황과 중요한 연구 성과가 역사적 배경과 함께 자세히 정리되어 있는 역작이다.

마지막으로 현대의 지구온난화 예측에 대해 더욱 자세히 알고자 하는 분들께는

- 에모리 세타 江守正多, 『지구온난화 전망은 올바른가? – 불확실한 미래 에 과학이 도전한다』, 가가쿠도진 科学同人(2008년)

을 추천한다. 이 분야에서 제일 앞선 연구자가 알기 쉽게 해설한 책이다.

언론 등에서 이미 오래전부터 '지구환경'에 대해 자주 언급하고 있다. 예전의 공해 문제는 특정 지역에 한정된 것이었지만 지구환경 문제는 전 세계적인 이슈이다. 사람들은 너나할것없이 '지구'라는 행성을 다시 생각하지 않을 수 없는 상황에 부딪혔다. 지구온난화 문제나 오존층 파괴는 국경을 초월한 인류 공동의 과제로서 전 세계적인 대책을 요한다.

이러한 지구에 대한 인식의 변화는 경제 활동이나 정보의 세계화와 무관하지 않다. 이에 가세해 우주에서 바라본 '파란 지구'는 우리가 지구라는 행성을 새롭게 인식하도록 하는 계기가 되었다.

지구는 탄생한 지 이미 약 46억 년이 흘렀다. 우리 인류가 지구를 인식하기 훨씬 이전부터 자연은 끊임없이 반복해 움직여왔고 지구 표층의 환경은 크게 변화해왔다. 온난하거나 한랭한 시기가 반복되는 단순한 이미지를 훨씬 뛰어넘어 지구는 전 지구 동결이나 소행성 충돌 등 최근까지 누구도 상상하지 못했던 파국적인 환경 변동을 경험해왔다는 사실이 분명해졌다. 아직 밝혀지지 않은 전혀 다른 형태의 환경 변동이 과거에 발생했을 가능성도 충분히 있다.

이렇듯 지구가 경험해온 사건들 하나하나를 밝혀가는 일은 '역사학(지구 역사학)'이라는 의미에서 매우 중요하고 흥미롭다. 그러나 여기서 그치는 것이 아니다. 사람들은 물리나 화학의 법칙을 적용해 지구에서 발생한 현상을 정량적으로 검증함으로써 지구의 '진화'나 지구 시스템의 '움직임'에 대해 이해하기를 원하고 이런 노력이 최종적으로 지구라는 행성 자체를 더 잘 이해할 수 있게 해준다. 이렇듯 이 책의 내용은 한발 앞서 지구를 파악해 지구와 지구환경을 상대화한다.

시간의 흐름과 함께 세상의 여러 모습은 변한다. 현재란 이러한 시간 축의 한 단면에 불과하며 지금까지 어떤 변화가 있었는지, 앞으로 어떻게 변화할지 파악함으로써 '현재'를 더욱 명확하게 이해할 수 있다.

그러나 지구는 '거대하고 복합적'이어서 그 전모를 이해하기란 쉬운 일이 아니다. 게다가 현재의 지구는 어느 특정한 상태에 놓여 있기 때문에 이상태를 보고 다른 모든 상태를 이해하는 것은 극히 어렵다. 그래서 지구 역사 속에서 발생한 다양한 변동을 탐구하는 것이 지구를 이해하는 데 큰 도움이 된다. 과거를 배우는 것이 현재를 이해하고 장래를 예측하는 데 도움이 된다는 것은 바로 이런 의미이다.

지구라는 행성을 이해하는 것은 다른 행성에 대한 이해로도 이어진다. 이는 화성이나 금성처럼 지구와 비슷한 행성뿐 아니라 태양계 밖의 아직 발견되지 않은 수많은 행성에도 해당된다. 최근에 천문 관측으로 태양계 외의 수많은 행성계가 발견되고 있으며 지구와 비슷한 행성이 발견될 날도 머지않았다고 한다. 가까운 장래 지구와 비슷한 행성이 많이 발견되었을 때 행성으로서의 지구에 관한 이해가 태양계 밖의 지구형 행성을 이해하는 중요한 열쇠가 될 것이 틀림없다.

지구 역사는 지층에 기록된 과거의 변동 흔적을 분석함으로써 밝혀지고 있다. 지금까지 알려지지 않았던 사실이 앞으로 계속해서 드러날 것이다. 우리가 상상하지 못했던 사건이 과거 지구에서 일어났다는 것이 새롭게 드러날 수도 있다. 이러한 '발견'이 있다는 것도 지구행성과학의 매력 가운데 하나이다.

그런데 최근 고등학교에서 지구과학 교육이 사라지기 일보 직전이다. 우리가 사는 지구와 그 환경에 대해 알 권리를 빼앗는 매우 유감스러운 일이다. 이 책이 지구에 관한 관심을 일깨우는 데 일조하기를 진심으로 기대한다.

2009년 4월

다지카 에이이치

최근의 뉴스를 보면 우리나라에서도 지구온난화에 대한 대비책의 하나로 지자체 사이에 이산화탄소 배출권 거래가 시행된다고 한다. 이산화탄소 배출권 거래란 정해진 이산화탄소 배출량을 감축했으면 그 감축한 양만큼의 이산화탄소 배출권을 정해진 배출량을 초과한 곳에 파는 것을 말한다. 이 밖에도 이산화탄소 배출량을 줄이려는 다양한 노력이 전 세계적으로 시도되고 있다.

그런데 이렇듯 이산화탄소가 주목을 받는 이유는 무엇일까?

주지하다시피 지구온난화 때문이다. 지난 2010년 겨울 지구 북반구에서는 기록적인 한파로 그야말로 난리법석이었다. 중국에서는 산둥반도 앞바다가 얼어붙어 피해가 막심하다고 하고 기록적인 폭설로 기반시설이 마비되었다고도 한다. 또한 유럽과 미국에서도 매서운 한파와 폭설로 교통시설이 마비되어 사람들의 발이 묶였다는 뉴스가 흘러나왔다. 우리나라 또한 예외가 아니어서 새해 첫 주부터 내린 폭설과 몇십 년 만에 찾아온 맹

추위로 전국이 꽁꽁 얼어붙었다.

이러한 이상 기후는 모두 지구온난화 때문이라고 한다. 일부 과학자들은 앞으로 20년 동안은 이러한 추위가 이어져 '미니 빙하기'가 시작될 것이라고 주장한다.

그런데 이 책에 따르면 지금 우리가 사는 이 시대도 사실은 '빙하시대'라고 한다. 온난하고 안정된 기후 덕분에 인류가 문명을 꽃피우고 풍요로운 삶은 누려왔는데 지구 전체 역사에서 보면 빙하시대라니……

최근 들어 지구환경에 대한 관심이 고조되면서 지구온난화 대책이나 이산화탄소 줄이기 운동, 재활용 운동 등 많은 활동을 하고 있지만 정작 우리는 지구에 대해 얼마나 알고 있을까?

지구온난화는 지구환경에 다양한 변화를 가져올 것이라고 한다. 이를테면 해수면의 상승, 대형 태풍의 발생, 집중호우의 증가, 북극권 빙하의 소멸 등이다. 생태계에 미칠 영향 또한 우려된다. 그런데 더 걱정스러운 것은 인류가 지구온난화로 야기될 상황, 다시 말해 온난화 때문에 일어날 수 있는 일에 대해서 잘 모른다는 사실이다. 이 책은 과거에서 현재에 이르는 지구환경의 변동사를 이해함으로써 현재의 지구를, 지구환경의 움직임을 더 잘 이해할 수 있도록 돕는다.

인류의 고향인 지구, 태어난 지 벌써 46억 년이 지난 지구. 우리의 삶의 터전인 지구를 더 자세히 알아야 하지 않을까? 그것이 지금의 지구환경 문제, 인류의 삶을 풍요롭게 하려면 지구에 온갖 생채기를 내온 우리가 시작해야 할 노력은 아닐까?

과거를 통해 현재를 알아가는 것은 매우 중요한 관점이라고 생각한다.

그런 점에서 이 책은 과거의 지구를 초보자도 알 수 있도록 지난 46억 년 동안 지구가 어떻게 변화해왔는지 상세하게 알려준다.

이 책을 통해 과거 지구의 모습을 바로 알고 나아가 현재의 기후 온난화를 비롯한 지구환경 문제에 더 많은 관심을 가질 수 있기를 바란다.

2011년 9월

김규태

46억 년의 생존

초판인쇄   2011년 10월 10일
초판발행   2011년 10월 17일

지은이   다지카 에이이치
옮긴이   김규태
펴낸이   강성민
책임편집   김현숙
편집   이은혜, 김신식
마케팅   최현수
온라인 마케팅 이상혁

펴낸곳   (주)글항아리
출판등록   2009년 1월 19일 제406-2009-000002호

주소   413-756 경기도 파주시 문발동 파주출판도시 513-8
전자우편   bookpot@hanmail.net
전화번호   031-955-8891(마케팅) 031-955-8898(편집부)
팩스   031-955-2557

ISBN   978-89-93905-73-1 03400

이 도서의 국립중앙도서관 출판시도서목록(CIP)은 e-CIP 홈페이지(http://www.nl.go.kr/ecip)에서
이용하실 수 있습니다.(CIP제어번호: CIP2011004069)